Brain Games For Kids Ages 8-12

Sudokus, Mazes, Word Searches, and More!
(With Solutions)

ACTIVE BRAIN

Copyright © 2021

All rights reserved.

TABLE OF CONTENT

Introduction

150 Sudoku Puzzles (with Solutions)

30 Mazes (with Solutions)

18 Word Searches (with Solutions)

90 Skyscraper Puzzles (with Solutions)

90 Mines Finder Puzzles (with Solutions)

60 Warships Puzzles (with Solutions)

66 ABC Path (with Solutions)

INTRODUCTION

If someone asked you, "What is one topic every child needs to work on?", the answer would be logic. Logic is needed for all reasoning skills and critical thinking.

You may be wondering how to help your child build these skills, but don't worry! There are many logic puzzles for clever kids that are made to develop logical reasoning, critical thinking and analysis, and creative problem-solving.

This super activity book contains all kinds of logical and challenging puzzles that your child will need:

- Over 500 different individual puzzles, including Sudoku Puzzles, ABC Path Puzzles, Mazes, Word Searches, Skyscraper Puzzles, and lots more!

- A good-sized book and large print for ease of reading.

- It makes a perfect gift for kids ages 8-12.

Let the brain games begin!

SUDOKU

Sudoku is a kind of logic-based puzzle. This puzzle provides a partially completed grid 4x4 and 6x6 which has a unique solution.

Rules: Enter numbers into the blank spaces so that each row, column, and 2x2 box contains the numbers 1 to 4 without repeats (with Sudoku 4x4), or 2x3 box contains the numbers 1 to 6 without repeats (with Sudoku 6x6). It's all about the process of math logic and elimination.

Solutions: Solutions are at the end of the Sudoku part of this book.

Discover more Sudoku puzzles:

1. Big Book Of Sudoku Hard To Expert: 1000+ Puzzles
   https://www.amazon.com/dp/B08SPKR45J
2. Big Book Of Sudoku Medium To Hard: 1000+ Puzzles
   https://www.amazon.com/dp/B08SRFB8GX

SUDOKU 4X4

SUDOKU - 1

		2	3
2	3		
3	1		
		3	1

SUDOKU - 2

2		1	
	4		3
	2		1
3		4	

SUDOKU - 3

1	2		
3		2	
	3		2
		4	3

SUDOKU - 4

3	4		
		4	3
1			4
	2	3	

SUDOKU - 5

4		3	
	2		1
2	3		
		2	3

SUDOKU - 6

2	1		
	4		1
		4	3
4		1	

SUDOKU - 7

	3		1
2	1		
		4	3
3		1	

SUDOKU - 8

3		1	
4			3
	3	4	
	4		2

SUDOKU - 9

	1		4
3		1	
4		2	
	2		3

SUDOKU - 10

		3	1
1		2	
	2		3
3	1		

SUDOKU - 11

	3		2
2		3	
1			3
	2	4	

SUDOKU - 12

	1	3	
	3	4	
3			4
1			3

SUDOKU - 13

	1	4	
2			3
1			4
	3	2	

SUDOKU - 14

	3	4	
	4		1
3		2	
4			3

SUDOKU - 15

		1	2
1		3	
	1		3
2	3		

SUDOKU - 16

	4		1
		3	4
4	3		
2		4	

SUDOKU - 17

1		3	
4		2	
	4		3
	1		2

SUDOKU - 18

4			3
	3	1	
	4	3	
3			1

SUDOKU - 19

	2		1
1		2	
2		3	
	3		2

SUDOKU - 20

3	4		
2	1		
		2	1
		3	4

SUDOKU - 21

4		2	
	3	1	
	4		2
3			1

SUDOKU - 22

4		2	
	3		1
	2		4
3		1	

SUDOKU - 23

1		4	
	4		2
	1		4
4		2	

SUDOKU - 24

2	1		
3		2	
		4	3
	3		2

SUDOKU - 25

		2	3
3	2		
2	4		
		4	2

SUDOKU - 26

		2	1
1			3
2	1		
		4	1

SUDOKU - 27

		2	1
2		3	
	2		3
1	3		

SUDOKU - 28

1		2	
	4		1
	1		2
4		1	

SUDOKU - 29

	4		1
1		2	
4			3
	1	4	

SUDOKU - 30

2			4
1	4		
		1	2
		4	1

SUDOKU - 31

3		1	
	1	4	
4			1
	2		4

SUDOKU - 32

		1	3
3		2	
	4		2
2	3		

SUDOKU - 33

	1	3	
3			4
	3		1
1		2	

SUDOKU - 34

	3		2
	1		3
3		2	
1		3	

SUDOKU - 35

1		3	
	3		2
3	4		
		4	3

SUDOKU - 36

4	3		
		1	4
1			2
		1	4

SUDOKU - 37

	4		2
1		4	
2			4
	3	2	

SUDOKU - 38

3	1		
		1	3
		2	4
2	4		

SUDOKU - 39

	2		3
1		4	
2			4
	4	2	

SUDOKU - 40

	1		4
4		1	
	2	4	
3			1

SUDOKU - 41

	2		1
1	4		
		2	3
2		1	

SUDOKU - 42

	2		1
1		3	
	3	1	
4			3

SUDOKU - 43

3			4
1			3
	3	4	
	1	3	

SUDOKU - 44

		4	3
3	4		
	3	1	
4			2

SUDOKU - 45

	1	3	
4			2
	2		1
1		2	

SUDOKU - 46

1	2		
3		1	
	1		3
		2	1

SUDOKU - 47

	2		1
1		2	
4		3	
	3		4

SUDOKU - 48

1	2		
		1	2
		3	4
4	3		

SUDOKU - 49

	4		3
	1		2
4		3	
1		2	

SUDOKU - 50

1	2		
	4		1
		1	2
2		3	

SUDOKU - 51

4		1	
	3		4
2	4		
		4	2

SUDOKU - 52

4			2
2	3		
		4	3
	4	2	

SUDOKU - 53

	1		2
		4	1
1		2	
2	4		

SUDOKU - 54

	2		4
3		1	
	1	2	
2			1

SUDOKU - 55

3		2	
	1		4
4	3		
		4	3

SUDOKU - 56

	2		4
	4		3
2		4	
4		3	

SUDOKU - 57

	1	4	
		1	2
1	2		
4			1

SUDOKU - 58

3	4		
	1	3	
1			2
		1	3

SUDOKU - 59

1		4	
4	3		
	1		4
		3	1

SUDOKU - 60

3		2	
1		3	
		1	3
	3		2

SUDOKU - 1 (Solution)

1	4	2	3
2	3	1	4
3	1	4	2
4	2	3	1

SUDOKU - 2 (Solution)

2	3	1	4
1	4	2	3
4	2	3	1
3	1	4	2

SUDOKU - 3 (Solution)

1	2	3	4
3	4	2	1
4	3	1	2
2	1	4	3

SUDOKU - 4 (Solution)

3	4	1	2
2	1	4	3
1	3	2	4
4	2	3	1

SUDOKU - 5 (Solution)

4	1	3	2
3	2	4	1
2	3	1	4
1	4	2	3

SUDOKU - 6 (Solution)

2	1	3	4
3	4	2	1
1	2	4	3
4	3	1	2

SUDOKU - 7 (Solution)

4	3	2	1
2	1	3	4
1	2	4	3
3	4	1	2

SUDOKU - 8 (Solution)

3	2	1	4
4	1	2	3
2	3	4	1
1	4	3	2

SUDOKU - 9 (Solution)

2	1	3	4
3	4	1	2
4	3	2	1
1	2	4	3

SUDOKU - 10 (Solution)

2	4	3	1
1	3	2	4
4	2	1	3
3	1	4	2

SUDOKU - 11 (Solution)

4	3	1	2
2	1	3	4
1	4	2	3
3	2	4	1

SUDOKU - 12 (Solution)

4	1	3	2
2	3	4	1
3	2	1	4
1	4	2	3

SUDOKU - 13 (Solution)

3	1	4	2
2	4	1	3
1	2	3	4
4	3	2	1

SUDOKU - 14 (Solution)

1	3	4	2
2	4	3	1
3	1	2	4
4	2	1	3

SUDOKU - 15 (Solution)

3	4	1	2
1	2	3	4
4	1	2	3
2	3	4	1

SUDOKU - 16 (Solution)

3	4	2	1
1	2	3	4
4	3	1	2
2	1	4	3

SUDOKU - 17 (Solution)

1	2	3	4
4	3	2	1
2	4	1	3
3	1	4	2

SUDOKU - 18 (Solution)

4	1	2	3
2	3	1	4
1	4	3	2
3	2	4	1

SUDOKU - 19 (Solution)

3	2	4	1
1	4	2	3
2	1	3	4
4	3	1	2

SUDOKU - 20 (Solution)

3	4	1	2
2	1	4	3
4	3	2	1
1	2	3	4

SUDOKU - 21 (Solution)

4	1	2	3
2	3	1	4
1	4	3	2
3	2	4	1

SUDOKU - 22 (Solution)

4	1	2	3
2	3	4	1
1	2	3	4
3	4	1	2

SUDOKU - 23 (Solution)

1	2	4	3
3	4	1	2
2	1	3	4
4	3	2	1

SUDOKU - 24 (Solution)

2	1	3	4
3	4	2	1
1	2	4	3
4	3	1	2

SUDOKU - 25 (Solution)

4	1	2	3
3	2	1	4
2	4	3	1
1	3	4	2

SUDOKU - 26 (Solution)

4	3	2	1
1	2	4	3
2	1	3	4
3	4	1	2

SUDOKU - 27 (Solution)

3	4	2	1
2	1	3	4
4	2	1	3
1	3	4	2

SUDOKU - 28 (Solution)

1	3	2	4
2	4	3	1
3	1	4	2
4	2	1	3

SUDOKU - 29 (Solution)

2	4	3	1
1	3	2	4
4	2	1	3
3	1	4	2

SUDOKU - 30 (Solution)

2	3	1	4
1	4	3	2
4	1	2	3
3	2	4	1

SUDOKU - 31 (Solution)

3	4	1	2
2	1	4	3
4	3	2	1
1	2	3	4

SUDOKU - 32 (Solution)

4	2	1	3
3	1	2	4
1	4	3	2
2	3	4	1

SUDOKU - 33 (Solution)

4	1	3	2
3	2	1	4
2	3	4	1
1	4	2	3

SUDOKU - 34 (Solution)

4	3	1	2
2	1	4	3
3	4	2	1
1	2	3	4

SUDOKU - 35 (Solution)

1	2	3	4
4	3	1	2
3	4	2	1
2	1	4	3

SUDOKU - 36 (Solution)

4	3	2	1
2	1	4	3
1	4	3	2
3	2	1	4

SUDOKU - 37 (Solution)

3	4	1	2
1	2	4	3
2	1	3	4
4	3	2	1

SUDOKU - 38 (Solution)

3	1	4	2
4	2	1	3
1	3	2	4
2	4	3	1

SUDOKU - 39 (Solution)

4	2	1	3
1	3	4	2
2	1	3	4
3	4	2	1

SUDOKU - 40 (Solution)

2	1	3	4
4	3	1	2
1	2	4	3
3	4	2	1

SUDOKU - 41 (Solution)

3	2	4	1
1	4	3	2
4	1	2	3
2	3	1	4

SUDOKU - 42 (Solution)

3	2	4	1
1	4	3	2
2	3	1	4
4	1	2	3

SUDOKU - 43 (Solution)

3	2	1	4
1	4	2	3
2	3	4	1
4	1	3	2

SUDOKU - 44 (Solution)

1	2	4	3
3	4	2	1
2	3	1	4
4	1	3	2

SUDOKU - 45 (Solution)

2	1	3	4
4	3	1	2
3	2	4	1
1	4	2	3

SUDOKU - 46 (Solution)

1	2	3	4
3	4	1	2
2	1	4	3
4	3	2	1

SUDOKU - 47 (Solution)

3	2	4	1
1	4	2	3
4	1	3	2
2	3	1	4

SUDOKU - 48 (Solution)

1	2	4	3
3	4	1	2
2	1	3	4
4	3	2	1

SUDOKU - 49 (Solution)

2	4	1	3
3	1	4	2
4	2	3	1
1	3	2	4

SUDOKU - 50 (Solution)

1	2	4	3
3	4	2	1
4	3	1	2
2	1	3	4

SUDOKU - 51 (Solution)

4	2	1	3
1	3	2	4
2	4	3	1
3	1	4	2

SUDOKU - 52 (Solution)

4	1	3	2
2	3	1	4
1	2	4	3
3	4	2	1

SUDOKU - 53 (Solution)

4	1	3	2
3	2	4	1
1	3	2	4
2	4	1	3

SUDOKU - 54 (Solution)

1	2	3	4
3	4	1	2
4	1	2	3
2	3	4	1

SUDOKU - 55 (Solution)

3	4	2	1
2	1	3	4
4	3	1	2
1	2	4	3

SUDOKU - 56 (Solution)

3	2	1	4
1	4	2	3
2	3	4	1
4	1	3	2

SUDOKU - 57 (Solution)

2	1	4	3
3	4	1	2
1	2	3	4
4	3	2	1

SUDOKU - 58 (Solution)

3	4	2	1
2	1	3	4
1	3	4	2
4	2	1	3

SUDOKU - 59 (Solution)

1	2	4	3
4	3	1	2
3	1	2	4
2	4	3	1

SUDOKU - 60 (Solution)

3	4	2	1
1	2	3	4
2	1	4	3
4	3	1	2

SUDOKU 6X6

SUDOKU - 1

		2	5	1	
6	1				4
		6		4	2
2	4	1	6		
1	2			6	5
5	6		2		

SUDOKU - 2

	5	2			3
3		6	2	4	
	2			3	4
	3		6		1
1	6		4	5	
2			5	3	

SUDOKU - 3

	5			3	6
3		6	1	2	
	2	3	6		
6	1		2	5	
1		5			2
4		2			1

SUDOKU - 4

1				4	2
	2	6	3		
6	4				3
	1	2		6	
		4	2	1	6
2	6	1	5		

SUDOKU - 5

5	2				3
			5	4	2
2		5			4
1	4	3	2		
4	1			5	6
		6	4	2	

SUDOKU - 6

4	6				3
1		5	4	6	
	5	4		3	1
	2		5	4	
5		3		2	
2			3		5

SUDOKU - 7

		6		1	3
2	1	3			
			1	5	4
	5		6		2
4	2	5			1
6		1	4	2	

SUDOKU - 8

6		2		4	3
	5	4	2		
5		1		6	
	3			1	2
1	4				2
	6		4	5	1

SUDOKU - 9

3			2	4	
4		2		3	
1		6	3		2
	3	5			4
6	1			2	
	2	4	1		3

SUDOKU - 10

4			1	3	
3	6			5	4
	4	3	5		
1	5	2			3
	1	4		6	
		6	4		1

SUDOKU - 11

		4		2	1
1	5	2			
			4	6	5
	4		1		2
3	6	1			4
4	2		3	1	

SUDOKU - 12

		6	3		2
	2		1		4
	3	4		2	1
2	5			4	
5			2		6
1	6	2		3	

SUDOKU - 13

2	6				1
		1	5	2	
6		2		1	
1	5			6	4
3		4	6		2
	2		1	4	

SUDOKU - 14

	2		6	5	1
1		5		4	3
	1	4	3		
5		2		6	
	4	6	5		
2				3	6

SUDOKU - 15

6			3		1
1		5		2	
	6	4		1	3
	5		6	4	
	2	3		6	5
5	1		2		

SUDOKU - 16

		4	1	3	6
1			5	2	
	1	2	4		
4		5			3
6	4			5	
2	5			4	1

SUDOKU - 17

5			3	6	
3		2		5	
1		6	2		3
	4	3			5
4	3			2	
	2	5	4		1

SUDOKU - 18

1	4			5	
2		3	4	1	
	2	5	6		
4			5		3
5		2		6	4
	1	4			5

SUDOKU - 19

	5	1	4		
4	6	3		1	
3	1	5			4
		2	1		3
			2	6	1
1				4	5

SUDOKU - 20

	2		5	6	
5	3		4	2	
2		3	6		
6	4		3		2
		2		3	6
3		1			4

SUDOKU - 21

		6	1	5	4
	5			2	6
4	2	1			
			4	1	2
6		2	5		
5	4			6	1

SUDOKU - 22

3	4	1			
6		5	4		1
1				4	2
	5	2		1	
			3	6	5
		3	1	2	4

SUDOKU - 23

		2	5		6
	6	3	1	4	
3		4	6		
	1			5	3
4	3	1		6	
6	2				4

SUDOKU - 24

	2	4	1		5
1			3	4	
5		2	6	1	
4				2	3
	4	3			1
2	5			3	

SUDOKU - 25

6	5	1			
3			6		1
1		5		4	
	6		3	1	5
		6	5	3	
		2	3	1	4

SUDOKU - 26

	4	6	5	1	
5				6	4
6		3	4	5	
	2	5		3	
1		2			5
	5		6		1

SUDOKU - 27

5	3	4			2
2				4	5
3		1	6		
4	6	5	2		
		2		3	6
	5		4	2	

SUDOKU - 28

6	4			1	
3			6	4	
		4	1	5	
	5	6			2
5	6	1			4
		3	5	6	1

SUDOKU - 29

6	5			1	
	3		5	2	6
5		3	2	4	
4			3		5
	4	6			2
		5		3	4

SUDOKU - 30

5	6				1
		3	5	2	
2		4		6	
1	3			5	2
	4	1	2		5
	2		6	1	

SUDOKU - 31

		1	3	4	
	3	4			1
6			4	3	5
	4	5	2	1	
4			1	5	
1	5				4

SUDOKU - 32

	6		5	4	1
4			2	6	
	1	3			4
	4	6		3	5
6	5				2
1			3	5	

SUDOKU - 33

6		2		3	
3	1		2		
		6	4		2
5	2			1	
	5	1		2	6
2	6		5		1

SUDOKU - 34

	3	4		6	5
5		2		3	
	5	1	3		
2	4				1
	1		6		2
4			1	5	3

SUDOKU - 35

4				6	2
2	6		5	4	
		4	3	1	
6		3			4
	4	2	6		
	5	6	4		1

SUDOKU - 36

6		4			2
5				3	4
	5		2	1	6
2	6		5		
	2	5		6	
	4	6	3	2	

SUDOKU - 37

1	4			3	
3			1		4
	6	3	2	4	
2	1	4			3
	3	2		1	
			3	2	6

SUDOKU - 38

5	3	1		6	
	6		5	3	
2		5	6		3
		3		5	2
3			4		5
	5	4		2	

SUDOKU - 39

6		4	1		
	2	3			6
2		1	4	3	
	3			1	2
	4		3		1
3	1		2	5	

SUDOKU - 40

6			5	2	
		1	6	3	
3	4				2
	6		4		3
	2	6	3	1	
5		3		4	6

SUDOKU - 41

3		4	6		2
	6			5	4
	4		1	2	
6		2		4	
4		5	2		1
	2	6			5

SUDOKU - 42

	4	3			1
6		5	2		
1		6	5	3	
5			1		6
	6	2		1	
3	5			6	2

SUDOKU - 43

	5		6	4	
3	4	6		1	
6			2		4
4	3		1		
		4	3		5
		2	3		6	1

SUDOKU - 44

		2		6	4
	3		2		1
2	1		6	4	
6		5	1		
3	2		5	1	
5		1			3

SUDOKU - 45

5	3	2			1
1	4			2	
4			1	3	2
3		1	5		
	1		6		3
		3		1	4

SUDOKU - 46

5	3		1		2
2		6	5		
	2	3			5
	4		3	2	1
		2	4	1	
4		1		5	

SUDOKU - 47

	1	6	3		
4	2		5	1	
2	3				5
		5	2	3	
1				6	3
3		4		5	2

SUDOKU - 48

3	4				6
		6	3	1	
	1	5	6		3
4	6	3	1		
6			4	3	
1				6	2

SUDOKU - 49

6	2	3		1	
5		1	2		
1				2	6
	6	5	3		
	1		6		4
4			1	3	2

SUDOKU - 50

6	3	4	5		
	2	5		3	4
2			3		5
	4	3	1		
3				1	6
4		1		5	

SUDOKU - 51

5	1			4	
		4	1	2	5
3	6				2
	2	5	6		
	4	3	5	6	
1		6			4

SUDOKU - 52

	1	4		2	6
6		2	4		
3				5	4
	6	5	1		
	4		5		1
1			2	4	3

SUDOKU - 53

1		2		6	5
3	5			4	
		5	6	1	
6	1				4
	3		4		6
	6	4	5	3	

SUDOKU - 54

4		5	2		1
	2		5	6	
2	5				3
		1	6	5	
6		2		4	
5	3			2	6

SUDOKU - 55

5			4		3
	6	3	1	5	
1	3	5			6
	4	6		3	
			3	1	5
3	5			2	

SUDOKU - 56

	2		4	3	
3		6	5	2	
6	1	2			
5	3				2
		1	2	6	3
	6	3			5

SUDOKU - 57

3	5		2		6
1			5	3	
	3			2	1
		1	6	5	
	2	3			5
4		5		6	2

SUDOKU - 58

			3	4	5
4	5	3			
3				1	2
5	2		4		
	6	5	1	3	
1	3	4			6

SUDOKU - 59

	4	1		5	
			4	6	1
3	1	4			
5			1		3
	2	5	6	3	
4	3	6			5

SUDOKU - 60

2		1			5
	5	6	1		
4				1	3
		1		5	2
5	6	2			1
1			2	5	6

SUDOKU - 61

6			1		2
	1	4	6	3	
1	6	2			4
	4	3		6	
			4	2	6
4	2	6			

SUDOKU - 62

2			5	4	1
	4	1	2		
6				2	4
		4	6	3	
	1			5	6
3	5	6			2

SUDOKU - 63

2	4	3	6		
1			2	4	
5	6				2
3	1				4
		5	1	3	
	3	1		2	5

SUDOKU - 64

	2			1	6
6	1	4			
			3	6	2
2		6	1		
4	6			2	3
		2	6	4	1

SUDOKU - 65

6	3				1
	1	4		2	
		5	2	3	4
2	4	3	6		
4				5	3
	5	1	4		

SUDOKU - 66

			3	4	6
6	1				2
	5	6		2	3
2			6	4	5
1	4		3		
		5	2	1	

SUDOKU - 67

1		5			4
6	2	4	3		
4	6			5	3
		1	4	6	
5	4				1
			5	4	6

SUDOKU - 68

5	2			6	3
	3	4			2
			6	4	1
	4	6		3	
2		5	3		
4	1	3	5		

SUDOKU - 69

4			6	2	
2	1			3	5
	6	1	2		
3	2				6
6	4	3		5	
		2	3		4

SUDOKU - 70

1	3		2		4
		2		6	3
	4	1			5
	2		3	4	
5		3	4	1	
2	1	4			

SUDOKU - 71

3	6		5		2
	2	1			3
			6	2	1
2	1	6			
		3	2	4	
6		2	1	3	

SUDOKU - 72

	1			3	2
3			1		5
6	5	3	4		
2	4		5		3
	3	5		1	
1		6		5	

SUDOKU - 73

	4	6	1		
1			6	4	
5			4	6	1
	1	4			2
4	3		2		
2		1		5	4

SUDOKU - 74

	5		4		6
	6	4		2	5
5	3			6	
2			3		1
4	2	5		1	
		3	5		2

SUDOKU - 75

4	6			3	
	5	3	4	1	
3		5	6		
6	2	4			3
		6		2	4
	4		3		1

SUDOKU - 76

	5		1	2	3
	3	1		6	
4	1		2		
5			3		1
3		2		1	
	6	5		3	2

SUDOKU - 77

3				4	1
	4	1	2		
4	5				2
	1	3		5	
		4	3	1	5
1	3	5	4		

SUDOKU - 78

6	4				3
		1	5	4	
2		4		6	
1	3			5	2
	1	2	6		5
	6		2	1	

SUDOKU - 79

5			6	2	4
	4	2	3	1	
1	2				6
		6	2	5	
2	5	4			
		1	5		2

SUDOKU - 80

6	2		1	4	
3		4	5		
2	6		4	5	
5		1			2
		6		3	4
	3		6		5

SUDOKU - 81

4			2		3
2		3		4	5
		2	3	5	
6	3		4	1	
	2	4	6		
3	1				4

SUDOKU - 82

4	2	5			1
1	6		5	2	
		2		6	3
6	3	1			
			2	1	6
	1		3		5

SUDOKU - 83

			5	1	2
5	1	2			
6		5		2	
		1	6	3	5
2	4		1	5	
	5	3			4

SUDOKU - 84

	4			6	1
	1		5	4	
1		6		5	
3		4	1		6
	3	5	6		2
2		1			5

SUDOKU - 85

	6	2	5	4	
4		5	3		2
2	3			1	
		1	4	2	
5	2				4
	4		2		6

SUDOKU - 86

2	6	4			
			4	6	2
4		1	5	3	
	3		2	4	1
5	1	6			
	4		6		5

SUDOKU - 87

4		6	2		
	5		3	4	6
3		4		2	
	6	5			4
			5	1	2
5	2		4	6	

SUDOKU - 88

		5	1	6	3
	3	1	2		
1		3	5		
	5			3	1
5	1	4		2	
3	2				5

SUDOKU - 89

3	5		4		1
	6		5	2	
2	4	5		1	
	3	6		5	
6			1		5
		4		3	2

SUDOKU - 90

5	1		3		
2	3	6			
6			2	5	1
	5	2		3	4
4		5		6	
			5	4	2

SUDOKU - 1 (Solution)

4	3	2	5	1	6
6	1	5	3	2	4
3	5	6	1	4	2
2	4	1	6	5	3
1	2	3	4	6	5
5	6	4	2	3	1

SUDOKU - 2 (Solution)

4	5	2	1	6	3
3	1	6	2	4	5
6	2	1	5	3	4
5	3	4	6	2	1
1	6	3	4	5	2
2	4	5	3	1	6

SUDOKU - 3 (Solution)

2	5	1	4	3	6
3	4	6	1	2	5
5	2	3	6	1	4
6	1	4	2	5	3
1	6	5	3	4	2
4	3	2	5	6	1

SUDOKU - 4 (Solution)

1	5	3	6	4	2
4	2	6	3	5	1
6	4	5	1	2	3
3	1	2	4	6	5
5	3	4	2	1	6
2	6	1	5	3	4

SUDOKU - 5 (Solution)

5	2	4	6	1	3
6	3	1	5	4	2
2	6	5	1	3	4
1	4	3	2	6	5
4	1	2	3	5	6
3	5	6	4	2	1

SUDOKU - 6 (Solution)

4	6	2	1	5	3
1	3	5	4	6	2
6	5	4	2	3	1
3	2	1	5	4	6
5	1	3	6	2	4
2	4	6	3	1	5

SUDOKU - 7 (Solution)

5	4	6	2	1	3
2	1	3	5	4	6
3	6	2	1	5	4
1	5	4	6	3	2
4	2	5	3	6	1
6	3	1	4	2	5

SUDOKU - 8 (Solution)

6	1	2	5	4	3
3	5	4	2	1	6
5	2	1	3	6	4
4	3	6	1	2	5
1	4	5	6	3	2
2	6	3	4	5	1

SUDOKU - 9 (Solution)

3	5	1	2	4	6
4	6	2	5	3	1
1	4	6	3	5	2
2	3	5	6	1	4
6	1	3	4	2	5
5	2	4	1	6	3

SUDOKU - 10 (Solution)

4	2	5	1	3	6
3	6	1	2	5	4
6	4	3	5	1	2
1	5	2	6	4	3
2	1	4	3	6	5
5	3	6	4	2	1

SUDOKU - 11 (Solution)

6	3	4	5	2	1
1	5	2	6	4	3
2	1	3	4	6	5
5	4	6	1	3	2
3	6	1	2	5	4
4	2	5	3	1	6

SUDOKU - 12 (Solution)

4	1	6	3	5	2
3	2	5	1	6	4
6	3	4	5	2	1
2	5	1	6	4	3
5	4	3	2	1	6
1	6	2	4	3	5

SUDOKU - 13 (Solution)

2	6	5	4	3	1
4	3	1	5	2	6
6	4	2	3	1	5
1	5	3	2	6	4
3	1	4	6	5	2
5	2	6	1	4	3

SUDOKU - 14 (Solution)

4	2	3	6	5	1
1	6	5	2	4	3
6	1	4	3	2	5
5	3	2	1	6	4
3	4	6	5	1	2
2	5	1	4	3	6

SUDOKU - 15 (Solution)

6	4	2	3	5	1
1	3	5	4	2	6
2	6	4	5	1	3
3	5	1	6	4	2
4	2	3	1	6	5
5	1	6	2	3	4

SUDOKU - 16 (Solution)

5	2	4	1	3	6
1	3	6	5	2	4
3	1	2	4	6	5
4	6	5	2	1	3
6	4	1	3	5	2
2	5	3	6	4	1

SUDOKU - 17 (Solution)

5	1	4	3	6	2
3	6	2	1	5	4
1	5	6	2	4	3
2	4	3	6	1	5
4	3	1	5	2	6
6	2	5	4	3	1

SUDOKU - 18 (Solution)

1	4	6	3	5	2
2	5	3	4	1	6
3	2	5	6	4	1
4	6	1	5	2	3
5	3	2	1	6	4
6	1	4	2	3	5

SUDOKU - 19 (Solution)

2	5	1	4	3	6
4	6	3	5	1	2
3	1	5	6	2	4
6	4	2	1	5	3
5	3	4	2	6	1
1	2	6	3	4	5

SUDOKU - 20 (Solution)

1	2	4	5	6	3
5	3	6	4	2	1
2	1	3	6	4	5
6	4	5	3	1	2
4	5	2	1	3	6
3	6	1	2	5	4

SUDOKU - 21 (Solution)

2	3	6	1	5	4
1	5	4	3	2	6
4	2	1	6	3	5
3	6	5	4	1	2
6	1	2	5	4	3
5	4	3	2	6	1

SUDOKU - 22 (Solution)

3	4	1	2	5	6
6	2	5	4	3	1
1	6	3	5	4	2
4	5	2	6	1	3
2	1	4	3	6	5
5	3	6	1	2	4

SUDOKU - 23 (Solution)

1	4	2	5	3	6
5	6	3	1	4	2
3	5	4	6	2	1
2	1	6	4	5	3
4	3	1	2	6	5
6	2	5	3	1	4

SUDOKU - 24 (Solution)

3	2	4	1	6	5
1	6	5	3	4	2
5	3	2	6	1	4
4	1	6	2	5	3
6	4	3	5	2	1
2	5	1	4	3	6

SUDOKU - 25 (Solution)

6	5	1	4	2	3
3	4	2	6	5	1
1	3	5	2	4	6
2	6	4	3	1	5
4	1	6	5	3	2
5	2	3	1	6	4

SUDOKU - 26 (Solution)

2	4	6	5	1	3
5	3	1	2	6	4
6	1	3	4	5	2
4	2	5	1	3	6
1	6	2	3	4	5
3	5	4	6	2	1

SUDOKU - 27 (Solution)

5	3	4	1	6	2
2	1	6	3	4	5
3	2	1	6	5	4
4	6	5	2	1	3
1	4	2	5	3	6
6	5	3	4	2	1

SUDOKU - 28 (Solution)

6	4	5	2	1	3
3	1	2	6	4	5
2	3	4	1	5	6
1	5	6	4	3	2
5	6	1	3	2	4
4	2	3	5	6	1

SUDOKU - 29 (Solution)

6	5	2	4	1	3
1	3	4	5	2	6
5	6	3	2	4	1
4	2	1	3	6	5
3	4	6	1	5	2
2	1	5	6	3	4

SUDOKU - 30 (Solution)

5	6	2	3	4	1
4	1	3	5	2	6
2	5	4	1	6	3
1	3	6	4	5	2
6	4	1	2	3	5
3	2	5	6	1	4

SUDOKU - 31 (Solution)

5	6	1	3	4	2
2	3	4	5	6	1
6	1	2	4	3	5
3	4	5	2	1	6
4	2	6	1	5	3
1	5	3	6	2	4

SUDOKU - 32 (Solution)

3	6	2	5	4	1
4	5	1	2	6	3
5	1	3	6	2	4
2	4	6	1	3	5
6	3	5	4	1	2
1	2	4	3	5	6

SUDOKU - 33 (Solution)

6	4	2	1	3	5
3	1	5	2	6	4
1	3	6	4	5	2
5	2	4	6	1	3
4	5	1	3	2	6
2	6	3	5	4	1

SUDOKU - 34 (Solution)

1	3	4	2	6	5
5	6	2	4	3	1
6	5	1	3	2	4
2	4	3	5	1	6
3	1	5	6	4	2
4	2	6	1	5	3

SUDOKU - 35 (Solution)

4	3	5	1	6	2
2	6	1	5	4	3
5	2	4	3	1	6
6	1	3	2	5	4
1	4	2	6	3	5
3	5	6	4	2	1

SUDOKU - 36 (Solution)

6	3	4	1	5	2
5	1	2	6	3	4
4	5	3	2	1	6
2	6	1	5	4	3
3	2	5	4	6	1
1	4	6	3	2	5

SUDOKU - 37 (Solution)

1	4	5	6	3	2
3	2	6	1	5	4
5	6	3	2	4	1
2	1	4	5	6	3
6	3	2	4	1	5
4	5	1	3	2	6

SUDOKU - 38 (Solution)

5	3	1	2	6	4
4	6	2	5	3	1
2	1	5	6	4	3
6	4	3	1	5	2
3	2	6	4	1	5
1	5	4	3	2	6

SUDOKU - 39 (Solution)

6	5	4	1	2	3
1	2	3	5	4	6
2	6	1	4	3	5
4	3	5	6	1	2
5	4	2	3	6	1
3	1	6	2	5	4

SUDOKU - 40 (Solution)

6	3	4	5	2	1
2	5	1	6	3	4
3	4	5	1	6	2
1	6	2	4	5	3
4	2	6	3	1	5
5	1	3	2	4	6

SUDOKU - 41 (Solution)

3	5	4	6	1	2
2	6	1	3	5	4
5	4	3	1	2	6
6	1	2	5	4	3
4	3	5	2	6	1
1	2	6	4	3	5

SUDOKU - 42 (Solution)

2	4	3	6	5	1
6	1	5	2	4	3
1	2	6	5	3	4
5	3	4	1	2	6
4	6	2	3	1	5
3	5	1	4	6	2

SUDOKU - 43 (Solution)

2	5	1	6	4	3
3	4	6	5	1	2
6	1	5	2	3	4
4	3	2	1	5	6
1	6	4	3	2	5
5	2	3	4	6	1

SUDOKU - 44 (Solution)

1	5	2	3	6	4
4	3	6	2	5	1
2	1	3	6	4	5
6	4	5	1	3	2
3	2	4	5	1	6
5	6	1	4	2	3

SUDOKU - 45 (Solution)

5	3	2	4	6	1
1	4	6	3	2	5
4	6	5	1	3	2
3	2	1	5	4	6
2	1	4	6	5	3
6	5	3	2	1	4

SUDOKU - 46 (Solution)

5	3	4	1	6	2
2	1	6	5	3	4
1	2	3	6	4	5
6	4	5	3	2	1
3	5	2	4	1	6
4	6	1	2	5	3

SUDOKU - 47 (Solution)

5	1	6	3	2	4
4	2	3	5	1	6
2	3	1	6	4	5
6	4	5	2	3	1
1	5	2	4	6	3
3	6	4	1	5	2

SUDOKU - 48 (Solution)

3	4	1	2	5	6
5	2	6	3	1	4
2	1	5	6	4	3
4	6	3	1	2	5
6	5	2	4	3	1
1	3	4	5	6	2

SUDOKU - 49 (Solution)

6	2	3	4	1	5
5	4	1	2	6	3
1	3	4	5	2	6
2	6	5	3	4	1
3	1	2	6	5	4
4	5	6	1	3	2

SUDOKU - 50 (Solution)

6	3	4	5	2	1
1	2	5	6	3	4
2	1	6	3	4	5
5	4	3	1	6	2
3	5	2	4	1	6
4	6	1	2	5	3

SUDOKU - 51 (Solution)

5	1	2	3	4	6
6	3	4	1	2	5
3	6	1	4	5	2
4	2	5	6	1	3
2	4	3	5	6	1
1	5	6	2	3	4

SUDOKU - 52 (Solution)

5	1	4	3	2	6
6	3	2	4	1	5
3	2	1	6	5	4
4	6	5	1	3	2
2	4	3	5	6	1
1	5	6	2	4	3

SUDOKU - 53 (Solution)

1	4	2	3	6	5
3	5	6	1	4	2
4	2	5	6	1	3
6	1	3	2	5	4
5	3	1	4	2	6
2	6	4	5	3	1

SUDOKU - 54 (Solution)

4	6	5	2	3	1
1	2	3	5	6	4
2	5	6	4	1	3
3	4	1	6	5	2
6	1	2	3	4	5
5	3	4	1	2	6

SUDOKU - 55 (Solution)

5	1	2	4	6	3
4	6	3	1	5	2
1	3	5	2	4	6
2	4	6	5	3	1
6	2	4	3	1	5
3	5	1	6	2	4

SUDOKU - 56 (Solution)

1	2	5	4	3	6
3	4	6	5	2	1
6	1	2	3	5	4
5	3	4	6	1	2
4	5	1	2	6	3
2	6	3	1	4	5

SUDOKU - 57 (Solution)

3	5	4	2	1	6
1	6	2	5	3	4
5	3	6	4	2	1
2	4	1	6	5	3
6	2	3	1	4	5
4	1	5	3	6	2

SUDOKU - 58 (Solution)

6	1	2	3	4	5
4	5	3	6	2	1
3	4	6	5	1	2
5	2	1	4	6	3
2	6	5	1	3	4
1	3	4	2	5	6

SUDOKU - 59 (Solution)

6	4	1	3	5	2
2	5	3	4	6	1
3	1	4	5	2	6
5	6	2	1	4	3
1	2	5	6	3	4
4	3	6	2	1	5

SUDOKU - 60 (Solution)

2	4	1	3	6	5
3	5	6	1	4	2
4	2	5	6	1	3
6	1	3	5	2	4
5	6	2	4	3	1
1	3	4	2	5	6

SUDOKU - 61 (Solution)

6	3	5	1	4	2
2	1	4	6	3	5
1	6	2	3	5	4
5	4	3	2	6	1
3	5	1	4	2	6
4	2	6	5	1	3

SUDOKU - 62 (Solution)

2	6	3	5	4	1
5	4	1	2	6	3
6	3	5	1	2	4
1	2	4	6	3	5
4	1	2	3	5	6
3	5	6	4	1	2

SUDOKU - 63 (Solution)

2	4	3	6	5	1
1	5	6	2	4	3
5	6	4	3	1	2
3	1	2	5	6	4
4	2	5	1	3	6
6	3	1	4	2	5

SUDOKU - 64 (Solution)

5	2	3	4	1	6
6	1	4	2	3	5
1	4	5	3	6	2
2	3	6	1	5	4
4	6	1	5	2	3
3	5	2	6	4	1

SUDOKU - 65 (Solution)

6	3	2	5	4	1
5	1	4	3	2	6
1	6	5	2	3	4
2	4	3	6	1	5
4	2	6	1	5	3
3	5	1	4	6	2

SUDOKU - 66 (Solution)

5	2	3	4	6	1
6	1	4	5	3	2
4	5	6	1	2	3
2	3	1	6	4	5
1	4	2	3	5	6
3	6	5	2	1	4

SUDOKU - 67 (Solution)

1	3	5	6	2	4
6	2	4	3	1	5
4	6	2	1	5	3
3	5	1	4	6	2
5	4	6	2	3	1
2	1	3	5	4	6

SUDOKU - 68 (Solution)

5	2	1	4	6	3
6	3	4	1	5	2
3	5	2	6	4	1
1	4	6	2	3	5
2	6	5	3	1	4
4	1	3	5	2	6

SUDOKU - 69 (Solution)

4	3	5	6	2	1
2	1	6	4	3	5
5	6	1	2	4	3
3	2	4	5	1	6
6	4	3	1	5	2
1	5	2	3	6	4

SUDOKU - 70 (Solution)

1	3	6	2	5	4
4	5	2	1	6	3
3	4	1	6	2	5
6	2	5	3	4	1
5	6	3	4	1	2
2	1	4	5	3	6

SUDOKU - 71 (Solution)

3	6	4	5	1	2
5	2	1	4	6	3
4	3	5	6	2	1
2	1	6	3	5	4
1	5	3	2	4	6
6	4	2	1	3	5

SUDOKU - 72 (Solution)

5	1	4	6	3	2
3	6	2	1	4	5
6	5	3	4	2	1
2	4	1	5	6	3
4	3	5	2	1	6
1	2	6	3	5	4

SUDOKU - 73 (Solution)

3	4	6	1	2	5
1	5	2	6	4	3
5	2	3	4	6	1
6	1	4	5	3	2
4	3	5	2	1	6
2	6	1	3	5	4

SUDOKU - 74 (Solution)

1	5	2	4	3	6
3	6	4	1	2	5
5	3	1	2	6	4
2	4	6	3	5	1
4	2	5	6	1	3
6	1	3	5	4	2

SUDOKU - 75 (Solution)

4	6	1	2	3	5
2	5	3	4	1	6
3	1	5	6	4	2
6	2	4	1	5	3
1	3	6	5	2	4
5	4	2	3	6	1

SUDOKU - 76 (Solution)

6	5	4	1	2	3
2	3	1	5	6	4
4	1	3	2	5	6
5	2	6	3	4	1
3	4	2	6	1	5
1	6	5	4	3	2

SUDOKU - 77 (Solution)

3	6	2	5	4	1
5	4	1	2	6	3
4	5	6	1	3	2
2	1	3	6	5	4
6	2	4	3	1	5
1	3	5	4	2	6

SUDOKU - 78 (Solution)

6	4	5	1	2	3
3	2	1	5	4	6
2	5	4	3	6	1
1	3	6	4	5	2
4	1	2	6	3	5
5	6	3	2	1	4

SUDOKU - 79 (Solution)

5	1	3	6	2	4
6	4	2	3	1	5
1	2	5	4	3	6
4	3	6	2	5	1
2	5	4	1	6	3
3	6	1	5	4	2

SUDOKU - 80 (Solution)

6	2	5	1	4	3
3	1	4	5	2	6
2	6	3	4	5	1
5	4	1	3	6	2
1	5	6	2	3	4
4	3	2	6	1	5

SUDOKU - 81 (Solution)

4	5	1	2	6	3
2	6	3	1	4	5
1	4	2	3	5	6
6	3	5	4	1	2
5	2	4	6	3	1
3	1	6	5	2	4

SUDOKU - 82 (Solution)

4	2	5	6	3	1
1	6	3	5	2	4
5	4	2	1	6	3
6	3	1	4	5	2
3	5	4	2	1	6
2	1	6	3	4	5

SUDOKU - 83 (Solution)

3	6	4	5	1	2
5	1	2	3	4	6
6	3	5	4	2	1
4	2	1	6	3	5
2	4	6	1	5	3
1	5	3	2	6	4

SUDOKU - 84 (Solution)

5	4	3	2	6	1
6	1	2	5	4	3
1	2	6	3	5	4
3	5	4	1	2	6
4	3	5	6	1	2
2	6	1	4	3	5

SUDOKU - 85 (Solution)

3	6	2	5	4	1
4	1	5	3	6	2
2	3	4	6	1	5
6	5	1	4	2	3
5	2	6	1	3	4
1	4	3	2	5	6

SUDOKU - 86 (Solution)

2	6	4	1	5	3
1	5	3	4	6	2
4	2	1	5	3	6
6	3	5	2	4	1
5	1	6	3	2	4
3	4	2	6	1	5

SUDOKU - 87 (Solution)

4	3	6	2	5	1
1	5	2	3	4	6
3	1	4	6	2	5
2	6	5	1	3	4
6	4	3	5	1	2
5	2	1	4	6	3

SUDOKU - 88 (Solution)

2	4	5	1	6	3
6	3	1	2	5	4
1	6	3	5	4	2
4	5	2	6	3	1
5	1	4	3	2	6
3	2	6	4	1	5

SUDOKU - 89 (Solution)

3	5	2	4	6	1
4	6	1	5	2	3
2	4	5	3	1	6
1	3	6	2	5	4
6	2	3	1	4	5
5	1	4	6	3	2

SUDOKU - 90 (Solution)

5	1	4	3	2	6
2	3	6	4	1	5
6	4	3	2	5	1
1	5	2	6	3	4
4	2	5	1	6	3
3	6	1	5	4	2

MAZE

A maze is a network of paths or walls designed as a puzzle through which one has to find a way to go from the start point to the goal. Just like the word search, it is an activity for your mind and your eyes.

Rules: You have to find a unique way to go from the entry arrow to the exit arrow.

Solutions: Solutions are at the end of the Maze part in this book.

MAZE - 1

MAZE - 2

MAZE - 3

MAZE - 4

MAZE - 5

MAZE - 6

MAZE - 7

MAZE - 8

MAZE - 9

MAZE - 10

MAZE - 11

MAZE - 12

MAZE - 13

MAZE - 14

MAZE - 15

MAZE - 16

MAZE - 17

MAZE - 18

MAZE - 19

MAZE - 20

MAZE - 21

MAZE - 22

MAZE - 23

MAZE - 24

MAZE - 25

MAZE - 26

MAZE - 27

MAZE - 28

MAZE - 29

MAZE - 30

MAZE – 1 (SOLUTION)

MAZE – 2 (SOLUTION)

MAZE – 3 (SOLUTION)

MAZE – 4 (SOLUTION)

MAZE – 5 (SOLUTION)

MAZE – 6 (SOLUTION)

MAZE – 7 (SOLUTION)

MAZE – 8 (SOLUTION)

MAZE – 9 (SOLUTION)

MAZE – 10 (SOLUTION)

MAZE – 11 (SOLUTION)

MAZE – 12 (SOLUTION)

MAZE – 13 (SOLUTION)

MAZE – 14 (SOLUTION)

MAZE – 15 (SOLUTION)

MAZE – 16 (SOLUTION)

MAZE – 17 (SOLUTION)

MAZE – 18 (SOLUTION)

MAZE – 19 (SOLUTION)

MAZE – 20 (SOLUTION)

MAZE – 21 (SOLUTION)

MAZE – 22 (SOLUTION)

MAZE – 23 (SOLUTION)

MAZE – 24 (SOLUTION)

MAZE – 25 (SOLUTION)

MAZE – 26 (SOLUTION)

MAZE – 27 (SOLUTION)

MAZE – 28 (SOLUTION)

MAZE – 29 (SOLUTION)

MAZE – 30 (SOLUTION)

WORD SEARCH

While word search may not the most stimulating activities, they can do some good for aging brains. This game is to look at the "clue" of a few letters to find a word, so this activity can help seniors sharpen their reasoning skills and improve their eyes.

Rules: You have to look at the crossword horizontally, vertically, diagonally in all directions: top to bottom, bottom to top, right to left, left to right to circle a given word that below the crossword.

Solutions: Solutions are at the end of the Word Search part in this book.

Word Search 1

Aardvark
Ainu Dog
Akbash
Akita
Albatross
Alligator
Angelfish
Ant
Anteater
Antelope
Armadillo
Avocet
Axolotl
Aye Aye
Baboon

C	E	P	N	O	O	B	A	B	A	E	A	M
V	T	X	T	N	A	U	K	A	A	P	X	A
R	Z	S	M	N	G	H	R	L	A	O	O	R
M	E	O	S	I	A	D	S	E	T	L	L	M
T	B	T	A	O	V	V	Y	I	E	E	O	A
D	Z	Z	A	A	R	A	Z	Z	C	T	T	D
L	Q	X	R	E	E	T	J	V	O	N	L	I
Q	U	K	L	Y	T	R	A	L	V	A	J	L
F	Q	U	A	N	D	N	K	B	A	N	A	L
A	I	N	U	D	O	G	A	L	L	R	T	O
F	G	H	S	I	F	L	E	G	N	A	I	S
T	Z	Q	F	W	H	S	A	B	K	A	K	B
R	O	T	A	G	I	L	L	A	V	Z	A	M

Word Search 2

Badger
Balinese
Bandicoot
Barb
Barn Owl
Barnacle
Barracuda
Bat
Beagle
Bear
Beaver
Beetle
Binturong
Bird
Birman

I	G	B	S	T	A	J	B	G	X	Z	M	B
Z	I	E	K	D	W	I	A	I	R	E	O	A
B	B	A	N	Z	O	R	R	Z	E	X	C	T
A	I	G	E	F	P	K	N	Z	G	B	C	O
R	N	L	S	T	J	S	O	U	D	A	E	R
R	T	E	E	B	R	T	W	I	A	R	L	E
A	U	A	N	X	I	B	L	Q	B	B	T	V
C	R	Q	I	B	A	R	N	A	C	L	E	A
U	O	A	L	U	H	X	D	F	X	P	E	E
D	N	A	A	K	A	B	I	J	G	T	B	B
A	G	L	B	R	B	I	R	M	A	N	I	A
C	M	V	A	R	A	E	B	D	K	X	V	P
Q	B	A	N	D	I	C	O	O	T	N	R	I

Bison
Bobcat
Bombay
Bongo
Bonobo
Booby
Boxer Dog
Buffalo
Bulldog
Bullfrog
Burmese
Butterfly
Caiman
Camel
Capybara

Word Search 3

T	A	C	B	O	B	R	R	Q	S	Y	G	K
G	K	G	N	O	S	I	B	V	M	L	O	B
B	W	Z	A	V	N	B	E	U	S	F	R	U
J	O	G	O	L	O	S	C	G	N	R	F	F
J	R	O	X	M	E	A	C	O	M	E	L	F
M	F	I	B	M	P	A	N	D	E	T	L	A
D	M	A	R	Y	M	J	B	R	O	T	U	L
T	Y	U	B	E	L	O	N	E	B	U	B	O
I	B	A	L	O	N	I	Z	X	O	B	F	C
Q	R	O	V	G	Z	W	O	O	N	U	K	W
A	U	G	O	M	J	A	F	B	O	X	F	Q
G	O	D	L	L	U	B	N	G	B	A	J	J
H	L	B	I	B	I	C	A	I	M	A	N	F

Caracal
Cassowary
Cat
Catfish
Centipede
Chameleon
Chamois
Cheetah
Chicken
Chihuahua
Chinook
Chipmunk
Chow Chow
Cichlid
Coati

Word Search 4

Y	M	H	D	H	C	D	L	V	G	G	X	K
R	C	E	S	R	T	H	I	P	O	Q	C	O
A	H	C	D	I	K	O	A	L	X	F	O	O
W	I	Z	H	E	F	L	B	M	H	Q	G	N
O	H	G	N	I	P	T	A	I	O	C	I	I
S	U	P	O	E	P	I	A	C	D	I	I	H
S	A	H	E	V	I	M	T	C	A	B	S	C
A	H	A	L	T	M	T	U	N	W	R	O	W
C	U	T	E	V	R	C	A	N	E	N	A	L
Z	A	E	M	P	W	A	Z	O	K	C	U	C
H	R	E	A	S	U	T	B	P	C	I	R	D
N	B	H	H	C	H	O	W	C	H	O	W	N
Z	O	C	C	C	H	I	C	K	E	N	X	L

Word Search 5

Cockroach
Collie
Coral
Cougar
Cow
Coyote
Crab
Crane
Crocodile
Cuscus
Dachshund
Dalmatian
Deer
Dhole
Dingo

F	R	S	Z	O	E	D	E	T	O	Y	O	C
C	W	U	L	X	H	D	J	C	V	C	D	A
R	E	A	I	O	I	X	C	I	P	R	A	U
O	U	K	L	W	T	V	O	Q	U	A	L	R
C	N	E	O	D	X	D	L	A	G	B	M	B
O	D	C	M	S	U	I	L	H	B	X	A	C
D	J	R	W	V	H	N	I	D	P	G	T	U
I	L	A	R	O	C	G	E	J	X	R	I	S
L	X	N	D	T	U	O	O	M	C	Q	A	C
E	M	E	K	Q	D	M	A	S	X	H	N	U
M	E	O	C	O	U	G	A	R	U	S	U	S
R	L	Q	D	N	U	H	S	H	C	A	D	K
I	L	C	O	C	K	R	O	A	C	H	M	L

Word Search 6

Discus
Dodo
Dog
Dolphin
Donkey
Dormouse
Dragonfly
Drever
Duck
Dugong
Dunker
Eagle
Earwig
Echidna
Elephant

Q	X	Q	P	L	W	O	D	O	D	I	L	T
B	H	L	J	D	O	N	K	E	Y	Z	D	N
D	R	A	N	D	I	H	C	E	R	X	P	A
D	V	O	S	W	L	Q	K	I	A	A	C	H
E	S	U	O	M	R	O	D	F	E	X	E	P
R	E	K	N	U	D	W	H	O	J	L	E	E
M	Q	U	R	D	A	X	G	R	I	X	L	L
R	S	U	C	S	I	D	A	N	K	O	G	E
D	R	E	V	E	R	O	U	W	O	H	A	V
Y	L	F	N	O	G	A	R	D	G	G	E	P
L	W	N	I	H	P	L	O	D	N	X	U	J
B	U	E	G	I	W	R	A	E	P	N	E	D
K	X	F	G	O	D	C	K	C	U	D	K	L

Word Search 7

Emu
Falcon
Ferret
Fin Whale
Fish
Flamingo
Flounder
Fly
Fossa
Fox
Frog
Fur Seal
Gar
Gecko
Gerbil

G	H	A	U	S	G	A	R	X	R	F	C	L
K	N	D	J	V	F	E	R	R	E	T	U	Q
E	L	A	H	W	N	I	F	P	Z	E	I	F
X	H	Z	V	T	F	J	B	N	F	J	L	D
L	R	H	P	I	H	H	Y	O	X	O	G	N
U	L	U	S	O	V	L	S	B	U	G	L	J
L	G	H	M	B	F	S	H	N	G	N	A	F
P	I	O	N	E	A	E	D	E	A	I	E	B
F	C	B	R	R	E	E	C	I	K	M	S	L
Z	F	H	R	F	R	K	E	N	J	A	R	E
U	O	T	Z	E	O	S	P	M	M	L	U	L
W	X	N	J	N	G	J	Z	Q	C	F	F	F
H	C	R	L	O	T	F	A	L	C	O	N	R

Word Search 8

Gharial
Gibbon
Giraffe
Glow Worm
Goat
Goose
Gopher
Gorilla
Grey Seal
Greyhound
Grouse
Guppy
Hamster
Hare
Harrier

G	C	U	G	M	Q	G	C	Q	J	N	E	C
T	V	J	Y	R	R	H	V	B	G	U	S	A
E	G	B	P	O	E	A	C	H	B	T	D	L
S	R	R	P	W	T	R	H	A	L	G	H	L
U	E	E	U	W	S	I	E	R	I	P	N	I
O	Y	H	G	O	M	A	R	R	X	A	I	R
R	H	P	X	L	A	L	A	I	H	Z	G	O
G	O	O	T	G	H	F	H	E	K	U	O	G
J	U	G	V	H	F	K	S	R	Z	P	O	W
G	N	P	U	E	F	M	O	S	G	T	S	T
U	D	Q	J	P	L	W	M	D	Z	A	E	U
D	R	L	A	E	S	Y	E	R	G	O	X	D
N	O	B	B	I	G	M	Z	A	U	G	P	L

Word Search 9

Havanese
Hedgehog
Heron
Himalayan
Honey Bee
Horse
Human
Hyena
Ibis
Iguana
Impala
Indri
Insect
Jackal
Jaguar

I	S	G	S	O	A	I	B	I	S	J	D	I
N	Z	W	W	V	B	N	X	T	X	A	L	D
D	H	O	R	S	E	A	E	F	H	G	K	F
R	T	F	X	W	E	T	N	Y	C	U	N	A
I	N	I	U	H	N	S	D	D	H	A	O	L
D	E	A	G	E	L	M	E	A	K	R	R	A
S	H	T	Y	O	E	A	S	N	S	V	E	P
F	I	H	C	A	H	B	K	F	A	B	H	M
M	K	J	U	E	L	E	Y	C	V	V	F	I
R	P	W	B	M	S	A	G	E	A	K	A	W
X	G	M	J	A	A	N	M	D	N	J	N	H
Z	F	R	V	P	D	N	I	I	E	O	J	R
Q	S	A	N	A	U	G	I	K	H	H	H	N

Word Search 10

Javanese
Jellyfish
Kakapo
Kangaroo
King Crab
Kiwi
Koala
Kudu
Ladybird
Lemming
Lemur
Leopard
Liger
Lion
Lionfish

R	E	N	S	S	C	Q	N	A	L	A	O	K
H	R	U	M	E	L	J	I	B	V	A	T	H
F	M	M	P	G	K	W	B	R	R	A	V	U
D	R	A	P	O	E	L	W	R	B	E	P	D
D	N	K	I	N	G	C	R	A	B	C	L	U
R	J	E	L	L	Y	F	I	S	H	D	I	K
I	Q	K	F	V	L	I	G	E	R	L	O	E
B	J	A	V	A	N	E	S	E	I	R	N	O
Y	Z	R	R	I	W	I	K	O	C	Q	F	P
D	X	K	V	R	U	L	N	S	L	S	I	A
A	P	Z	X	W	M	S	W	T	D	P	S	K
L	P	K	A	N	G	A	R	O	O	E	H	A
G	L	A	L	E	M	M	I	N	G	W	J	K

Word Search 11

Lizard
Llama
Lobster
Lynx
Macaw
Magpie
Maltese
Manatee
Mandrill
Manta Ray
Markhor
Mastiff
Mayfly
Meerkat
Millipede

Y	L	X	Y	I	A	O	R	X	X	W	R	C
A	L	E	L	M	Z	M	I	C	T	G	E	I
R	L	I	F	A	P	R	A	E	W	G	T	U
A	I	P	Y	R	S	R	P	L	H	I	S	W
T	R	G	A	K	R	C	J	O	L	G	B	E
N	D	A	M	H	O	H	X	F	V	O	O	E
A	N	M	E	O	G	I	J	X	Z	X	L	T
M	A	F	X	R	D	R	A	Z	I	L	Q	A
W	M	N	M	E	E	R	K	A	T	G	S	N
L	Y	P	T	W	A	C	A	M	E	G	P	A
L	I	M	I	L	L	I	P	E	D	E	G	M
L	A	W	J	E	S	E	T	L	A	M	E	P
E	F	F	I	T	S	A	M	S	P	Q	F	S

Word Search 12

Mole
Molly
Mongoose
Mongrel
Monkey
Moorhen
Moose
Moray Eel
Moth
Mouse
Mule
Newt
Numbat
Ocelot
Octopus

P	Z	X	G	E	F	L	W	T	F	T	P	X
M	M	F	G	T	S	D	J	A	E	A	Q	T
O	O	U	N	T	S	O	H	A	U	B	U	Y
L	R	U	S	O	K	U	O	W	A	M	F	E
E	A	H	M	L	O	M	P	G	O	U	Q	K
K	Y	T	O	E	E	O	W	O	N	N	G	N
M	E	O	O	C	B	N	M	M	T	O	E	O
U	E	M	R	O	A	G	O	O	X	C	M	M
L	L	R	H	G	B	R	O	U	A	L	O	Y
E	R	H	E	Q	T	E	S	S	J	Q	B	L
H	P	U	N	T	W	L	E	E	H	W	K	L
R	S	R	N	B	E	U	N	M	S	O	E	O
D	W	W	F	V	N	E	K	H	Z	L	U	M

Okapi
Olm
Opossum
Ostrich
Otter
Oyster
Pademelon
Panther
Parrot
Peacock
Pekingese
Pelican
Penguin
Persian
Pheasant

Word Search 13

T	N	Q	Z	W	K	C	O	C	A	E	P	V
I	V	V	G	N	O	L	E	M	E	D	A	P
T	T	P	G	R	R	O	N	I	Q	U	Q	U
E	H	E	N	F	E	S	K	K	M	X	E	C
P	K	N	A	T	T	I	C	A	L	L	R	J
E	M	G	I	F	S	X	B	V	P	Z	O	P
L	U	U	S	F	Y	S	R	L	U	I	A	F
I	S	I	R	F	O	E	D	Q	G	R	L	P
C	S	N	E	C	H	H	C	I	R	T	S	O
A	O	S	P	T	C	M	G	O	Q	L	A	M
N	P	H	N	G	E	I	T	R	E	T	T	O
K	O	A	P	H	E	A	S	A	N	T	M	G
P	P	I	S	E	S	E	G	N	I	K	E	P

Pig
Pika
Pike
Piranha
Platypus
Pointer
Poodle
Pool Frog
Porcupine
Possum
Prawn
Puffin
Pug
Puma
Puss Moth

Word Search 14

A	K	I	P	V	V	Q	V	G	I	P	H	X
X	C	P	M	N	J	Z	K	G	E	R	P	A
H	Z	O	P	L	A	T	Y	P	U	S	O	I
F	L	R	P	U	F	F	I	N	X	J	O	P
R	B	C	Z	P	R	U	U	Q	N	X	L	U
E	N	U	P	U	A	P	K	A	B	G	F	S
T	W	P	G	M	R	Q	O	G	T	C	R	S
N	A	I	U	A	G	D	E	O	E	G	O	M
I	R	N	P	X	F	K	G	L	D	A	G	O
O	P	E	U	R	I	S	P	E	U	L	M	T
P	G	Z	U	P	H	H	K	B	F	K	E	H
E	F	D	N	Q	P	O	S	S	U	M	A	V
F	A	H	N	A	R	I	P	W	R	J	G	H

Quail
Quetzal
Quokka
Quoll
Rabbit
Raccoon
Ragdoll
Rat
Red Panda
Red Wolf
Reindeer
Robin
Saola
Scorpion
Sea Lion

Word Search 15

R	L	U	N	O	I	P	R	O	C	S	R	L
E	A	T	K	T	R	A	B	B	I	T	E	C
E	Z	Q	U	A	F	U	Q	B	I	K	D	R
D	T	R	V	R	A	T	U	P	V	P	P	E
N	E	N	O	Z	H	L	O	X	N	L	A	D
I	U	E	A	B	L	F	K	Q	O	R	N	W
E	Q	V	F	I	I	W	K	R	O	J	D	O
R	I	H	A	T	N	N	A	Q	C	C	A	L
U	I	U	G	V	L	O	W	I	C	M	O	F
K	Q	N	F	L	L	O	D	G	A	R	Q	J
Z	S	A	O	L	A	J	F	X	R	N	F	A
B	N	U	L	A	F	N	S	T	C	R	N	J
K	Q	G	K	O	D	N	O	I	L	A	E	S

Sea Otter
Sea Slug
Seahorse
Seal
Serval
Sheep
Shih Tzu
Shrimp
Siamese
Siberian
Skunk
Sloth
Slow Worm
Snail
Snake

Word Search 16

R	K	D	S	H	E	E	P	K	G	R	U	N
G	E	S	S	L	O	W	W	O	R	M	W	I
U	D	P	S	I	A	M	E	S	E	X	N	N
L	I	C	H	A	K	N	U	K	S	M	X	F
S	Z	P	M	I	R	H	S	V	X	L	B	C
A	K	M	L	H	T	L	A	E	S	X	S	E
E	U	H	R	E	O	B	Q	C	O	E	I	S
S	R	E	T	T	O	A	E	S	R	A	E	R
Q	C	H	T	O	L	S	G	V	W	I	E	O
S	S	I	B	E	R	I	A	N	A	E	K	H
E	L	I	A	N	S	L	M	C	B	E	A	A
Q	D	S	H	I	H	T	Z	U	L	N	N	E
G	W	G	C	V	T	K	X	P	S	Q	S	S

Word Search 17

Snowshoe
Snowy Owl
Somali
Sparrow
Sponge
Squid
Squirrel
Starfish
Stingray
Stoat
Sun Bear
Swan
Tang
Tapir
Tarsier

W	S	U	N	B	E	A	R	U	N	N	L	T
L	Y	A	R	G	N	I	T	S	H	E	C	D
U	M	X	S	P	O	N	G	E	R	G	I	U
E	T	A	P	I	R	B	R	R	Q	S	L	S
S	E	E	K	W	E	W	I	O	P	O	A	T
Q	N	S	O	I	R	U	X	A	Q	H	M	O
Z	T	O	S	H	Q	E	R	J	K	S	O	A
U	Q	E	W	S	S	R	I	F	C	I	S	T
J	R	K	K	Y	O	W	A	S	J	F	Q	B
V	J	X	S	W	O	D	O	E	R	R	C	U
S	J	W	V	E	H	W	F	N	M	A	U	J
S	Q	U	I	D	N	W	L	I	S	T	T	T
T	A	N	G	Q	N	A	W	S	D	S	F	X

Word Search 18

Tawny Owl
Termite
Tetra
Tiffany
Tiger
Tortoise
Toucan
Tree Frog
Tuatara
Turkey
Uakari
Uguisu
Vulture
Wallaby
Walrus

U	X	T	E	T	R	A	G	I	L	U	P	W
V	A	I	O	T	Q	I	O	M	S	S	P	A
K	T	K	T	U	I	F	Q	M	P	I	G	L
L	U	Q	A	Z	X	G	D	A	O	U	O	R
D	R	T	V	R	G	G	E	Q	S	G	R	U
E	K	O	T	P	I	H	Q	R	L	U	F	S
S	E	U	K	Y	B	A	L	L	A	W	E	U
I	Y	C	K	Y	N	A	F	F	I	T	E	V
O	Q	A	E	T	I	M	R	E	T	S	R	E
T	K	N	W	L	W	O	Y	N	W	A	T	H
R	U	X	Q	O	P	U	I	H	H	K	A	S
O	Z	O	A	R	A	T	A	U	T	K	H	O
T	V	U	L	T	U	R	E	L	D	O	E	M

Aardvark
Ainu Dog
Akbash
Akita
Albatross
Alligator
Angelfish
Ant
Anteater
Antelope
Armadillo
Avocet
Axolotl
Aye Aye
Baboon

Word Search 1 (Solution)

C	E	P	N	O	O	B	A	B	A	E	A	M
V	T	X	T	N	A	U	K	A	A	P	X	A
R	Z	S	M	N	G	H	R	L	A	O	O	R
M	E	O	S	I	A	D	S	E	T	L	L	M
T	B	T	A	O	V	V	Y	I	E	E	O	A
D	Z	Z	A	A	R	A	Z	Z	C	T	T	D
L	Q	X	R	E	E	T	J	V	O	N	L	I
Q	U	K	L	Y	T	R	A	L	V	A	J	L
F	Q	U	A	N	D	N	K	B	A	N	A	L
A	I	N	U	D	O	G	A	L	L	R	T	O
F	G	H	S	I	F	L	E	G	N	A	I	S
T	Z	Q	F	W	H	S	A	B	K	A	K	B
R	O	T	A	G	I	L	L	A	V	Z	A	M

Badger
Balinese
Bandicoot
Barb
Barn Owl
Barnacle
Barracuda
Bat
Beagle
Bear
Beaver
Beetle
Binturong
Bird
Birman

Word Search 2 (Solution)

I	G	B	S	T	A	J	B	G	X	Z	M	B
Z	I	E	K	D	W	I	A	I	R	E	O	A
B	B	A	N	Z	O	R	R	Z	E	X	C	T
A	I	G	E	F	P	K	N	Z	G	B	C	O
R	N	L	S	T	J	S	O	U	D	A	E	R
R	T	E	E	B	R	T	W	I	A	R	L	E
A	U	A	N	X	I	B	L	Q	B	B	T	V
C	R	Q	I	B	A	R	N	A	C	L	E	A
U	O	A	L	U	H	X	D	F	X	P	E	E
D	N	A	A	K	A	B	I	J	G	T	B	B
A	G	L	B	R	B	I	R	M	A	N	I	A
C	M	V	A	R	A	E	B	D	K	X	V	P
Q	B	A	N	D	I	C	O	O	T	N	R	I

Word Search 3 (Solution)

Bison
Bobcat
Bombay
Bongo
Bonobo
Booby
Boxer Dog
Buffalo
Bulldog
Bullfrog
Burmese
Butterfly
Caiman
Camel
Capybara

T	A	C	B	O	B	R	R	Q	S	Y	G	K
G	K	G	N	O	S	I	B	V	M	L	O	B
B	W	Z	A	V	N	B	E	U	S	F	R	U
J	O	G	O	L	O	S	C	G	N	R	F	F
J	R	O	X	M	E	A	C	O	M	E	L	F
M	F	I	B	M	P	A	N	D	E	T	L	A
D	M	A	R	Y	M	J	B	R	O	T	U	L
T	Y	U	B	E	L	O	N	E	B	U	B	O
I	B	A	L	O	N	I	Z	X	O	B	F	C
Q	R	O	V	G	Z	W	O	O	N	U	K	W
A	U	G	O	M	J	A	F	B	O	X	F	Q
G	O	D	L	L	U	B	N	G	B	A	J	J
H	L	B	I	B	I	C	A	I	M	A	N	F

Word Search 4 (Solution)

Caracal
Cassowary
Cat
Catfish
Centipede
Chameleon
Chamois
Cheetah
Chicken
Chihuahua
Chinook
Chipmunk
Chow Chow
Cichlid
Coati

Y	M	H	D	H	C	D	L	V	G	G	X	K
R	C	E	S	R	T	H	I	P	O	Q	C	O
A	H	C	D	I	K	O	A	L	X	F	O	O
W	I	Z	H	E	F	L	B	M	H	Q	G	N
O	H	G	N	I	P	T	A	I	O	C	I	I
S	U	P	O	E	P	I	A	C	D	I	I	H
S	A	H	E	V	I	M	T	C	A	B	S	C
A	H	A	L	T	M	T	U	N	W	R	O	W
C	U	T	E	V	R	C	A	N	E	N	A	L
Z	A	E	M	P	W	A	Z	O	K	C	U	C
H	R	E	A	S	U	T	B	P	C	I	R	D
N	B	H	H	C	H	O	W	C	H	O	W	N
Z	O	C	C	C	H	I	C	K	E	N	X	L

Cockroach
Collie
Coral
Cougar
Cow
Coyote
Crab
Crane
Crocodile
Cuscus
Dachshund
Dalmatian
Deer
Dhole
Dingo

Word Search 5 (Solution)

F	R	S	Z	O	E	D	E	T	O	Y	O	C
C	W	U	L	X	H	D	J	C	V	C	D	A
R	E	A	I	O	I	X	C	I	P	R	A	U
O	U	K	L	W	T	V	O	Q	U	A	L	R
C	N	E	O	D	X	D	L	A	G	B	M	B
O	D	C	M	S	U	I	L	H	B	X	A	C
D	J	R	W	V	H	N	I	D	P	G	T	U
I	L	A	R	O	C	G	E	J	X	R	I	S
L	X	N	D	T	U	O	O	M	C	Q	A	C
E	M	E	K	Q	D	M	A	S	X	H	N	U
M	E	O	C	O	U	G	A	R	U	S	U	S
R	L	Q	D	N	U	H	S	H	C	A	D	K
I	L	C	O	C	K	R	O	A	C	H	M	L

Discus
Dodo
Dog
Dolphin
Donkey
Dormouse
Dragonfly
Drever
Duck
Dugong
Dunker
Eagle
Earwig
Echidna
Elephant

Word Search 6 (Solution)

Q	X	Q	P	L	W	O	D	O	D	I	L	T
B	H	L	J	D	O	N	K	E	Y	Z	D	N
D	R	A	N	D	I	H	C	E	R	X	P	A
D	V	O	S	W	L	Q	K	I	A	A	C	H
E	S	U	O	M	R	O	D	F	E	X	E	P
R	E	K	N	U	D	W	H	O	J	L	E	E
M	Q	U	R	D	A	X	G	R	I	X	L	L
R	S	U	C	S	I	D	A	N	K	O	G	E
D	R	E	V	E	R	O	U	W	O	H	A	V
Y	L	F	N	O	G	A	R	D	G	G	E	P
L	W	N	I	H	P	L	O	D	N	X	U	J
B	U	E	G	I	W	R	A	E	P	N	E	D
K	X	F	G	O	D	C	K	C	U	D	K	L

Word Search 7 (Solution)

Emu
Falcon
Ferret
Fin Whale
Fish
Flamingo
Flounder
Fly
Fossa
Fox
Frog
Fur Seal
Gar
Gecko
Gerbil

G	H	A	U	S	G	A	R	X	R	F	C	L
K	N	D	J	V	F	E	R	R	E	T	U	Q
E	L	A	H	W	N	I	F	P	Z	E	I	F
X	H	Z	V	T	F	J	B	N	F	J	L	D
L	R	H	P	I	H	H	Y	O	X	O	G	N
U	L	U	S	O	V	L	S	B	U	G	L	J
L	G	H	M	B	F	S	H	N	G	N	A	F
P	I	O	N	E	A	E	D	E	A	I	E	B
F	C	B	R	R	E	E	C	I	K	M	S	L
Z	F	H	R	F	R	K	E	N	J	A	R	E
U	O	T	Z	E	O	S	P	M	M	L	U	L
W	X	N	J	N	G	J	Z	Q	C	F	F	F
H	C	R	L	O	T	F	A	L	C	O	N	R

Word Search 8 (Solution)

Gharial
Gibbon
Giraffe
Glow Worm
Goat
Goose
Gopher
Gorilla
Grey Seal
Greyhound
Grouse
Guppy
Hamster
Hare
Harrier

G	C	U	G	M	Q	G	C	Q	J	N	E	C
T	V	J	Y	R	R	H	V	B	G	U	S	A
E	G	B	P	O	E	A	C	H	B	T	D	L
S	R	R	P	W	T	R	H	A	L	G	H	L
U	E	E	U	W	S	I	E	R	I	P	N	I
O	Y	H	G	O	M	A	R	R	X	A	I	R
R	H	P	X	L	A	L	A	I	H	Z	G	O
G	O	O	T	G	H	F	H	E	K	U	O	G
J	U	G	V	H	F	K	S	R	Z	P	O	W
G	N	P	U	E	F	M	O	S	G	T	S	T
U	D	Q	J	P	L	W	M	D	Z	A	E	U
D	R	L	A	E	S	Y	E	R	G	O	X	D
N	O	B	B	I	G	M	Z	A	U	G	P	L

Word Search 9 (Solution)

Havanese
Hedgehog
Heron
Himalayan
Honey Bee
Horse
Human
Hyena
Ibis
Iguana
Impala
Indri
Insect
Jackal
Jaguar

I	S	G	S	O	A	I	B	I	S	J	D	I
N	Z	W	W	V	B	N	X	T	X	A	L	D
D	H	O	R	S	E	A	E	F	H	G	K	F
R	T	F	X	W	E	T	N	Y	C	U	N	A
I	N	I	U	H	N	S	D	D	H	A	O	L
D	E	A	G	E	L	M	E	A	K	R	R	A
S	H	T	Y	O	E	A	S	N	S	V	E	P
F	I	H	C	A	H	B	K	F	A	B	H	M
M	K	J	U	E	L	E	Y	C	V	V	F	I
R	P	W	B	M	S	A	G	E	A	K	A	W
X	G	M	J	A	A	N	M	D	N	J	N	H
Z	F	R	V	P	D	N	I	I	E	O	J	R
Q	S	A	N	A	U	G	I	K	H	H	H	N

Word Search 10 (Solution)

Javanese
Jellyfish
Kakapo
Kangaroo
King Crab
Kiwi
Koala
Kudu
Ladybird
Lemming
Lemur
Leopard
Liger
Lion
Lionfish

R	E	N	S	S	C	Q	N	A	L	A	O	K
H	R	U	M	E	L	J	I	B	V	A	T	H
F	M	M	P	G	K	W	B	R	R	A	V	U
D	R	A	P	O	E	L	W	R	B	E	P	D
D	N	K	I	N	G	C	R	A	B	C	L	U
R	J	E	L	L	Y	F	I	S	H	D	I	K
I	Q	K	F	V	L	I	G	E	R	L	O	E
B	J	A	V	A	N	E	S	E	I	R	N	O
Y	Z	R	R	I	W	I	K	O	C	Q	F	P
D	X	K	V	R	U	L	N	S	L	S	I	A
A	P	Z	X	W	M	S	W	T	D	P	S	K
L	P	K	A	N	G	A	R	O	O	E	H	A
G	L	A	L	E	M	M	I	N	G	W	J	K

Word Search 11 (Solution)

- Lizard
- Llama
- Lobster
- Lynx
- Macaw
- Magpie
- Maltese
- Manatee
- Mandrill
- Manta Ray
- Markhor
- Mastiff
- Mayfly
- Meerkat
- Millipede

Y	L	X	Y	I	A	O	R	X	X	W	R	C
A	L	E	L	M	Z	M	I	C	T	G	E	I
R	L	I	F	A	P	R	A	E	W	G	T	U
A	I	P	Y	R	S	R	P	L	H	I	S	W
T	R	G	A	K	R	C	J	O	L	G	B	E
N	D	A	M	H	O	H	X	F	V	O	O	E
A	N	M	E	O	G	I	J	X	Z	X	L	T
M	A	F	X	R	D	R	A	Z	I	L	Q	A
W	M	N	M	E	E	R	K	A	T	G	S	N
L	Y	P	T	W	A	C	A	M	E	G	P	A
L	I	M	I	L	L	I	P	E	D	E	G	M
L	A	W	J	E	S	E	T	L	A	M	E	P
E	F	F	I	T	S	A	M	S	P	Q	F	S

Word Search 12 (Solution)

- Mole
- Molly
- Mongoose
- Mongrel
- Monkey
- Moorhen
- Moose
- Moray Eel
- Moth
- Mouse
- Mule
- Newt
- Numbat
- Ocelot
- Octopus

P	Z	X	G	E	F	L	W	T	F	T	P	X
M	M	F	G	T	S	D	J	A	E	A	Q	T
O	O	U	N	T	S	O	H	A	U	B	U	Y
L	R	U	S	O	K	U	O	W	A	M	F	E
E	A	H	M	L	O	M	P	G	O	U	Q	K
K	Y	T	O	E	E	O	W	O	N	N	G	N
M	E	O	O	C	B	N	M	M	T	O	E	O
U	E	M	R	O	A	G	O	O	X	C	M	M
L	L	R	H	G	B	R	O	U	A	L	O	Y
E	R	H	E	Q	T	E	S	S	J	Q	B	L
H	P	U	N	T	W	L	E	E	H	W	K	L
R	S	R	N	B	E	U	N	M	S	O	E	O
D	W	W	F	V	N	E	K	H	Z	L	U	M

Word Search 13 (Solution)

Okapi
Olm
Opossum
Ostrich
Otter
Oyster
Pademelon
Panther
Parrot
Peacock
Pekingese
Pelican
Penguin
Persian
Pheasant

T	N	Q	Z	W	K	C	O	C	A	E	P	V
I	V	V	G	N	O	L	E	M	E	D	A	P
T	T	P	G	R	R	O	N	I	Q	U	Q	U
E	H	E	N	F	E	S	K	K	M	X	E	C
P	K	N	A	T	T	I	C	A	L	L	R	J
E	M	G	I	F	S	X	B	V	P	Z	O	P
L	U	U	S	F	Y	S	R	L	U	I	A	F
I	S	I	R	F	O	E	D	Q	G	R	L	P
C	S	N	E	C	H	H	C	I	R	T	S	O
A	O	S	P	T	C	M	G	O	Q	L	A	M
N	P	H	N	G	E	I	T	R	E	T	T	O
K	O	A	P	H	E	A	S	A	N	T	M	G
P	P	I	S	E	S	E	G	N	I	K	E	P

Word Search 14 (Solution)

Pig
Pika
Pike
Piranha
Platypus
Pointer
Poodle
Pool Frog
Porcupine
Possum
Prawn
Puffin
Pug
Puma
Puss Moth

A	K	I	P	V	V	Q	V	G	I	P	H	X
X	C	P	M	N	J	Z	K	G	E	R	P	A
H	Z	O	P	L	A	T	Y	P	U	S	O	I
F	L	R	P	U	F	F	I	N	X	J	O	P
R	B	C	Z	P	R	U	U	Q	N	X	L	U
E	N	U	P	U	A	P	K	A	B	G	F	S
T	W	P	G	M	R	Q	O	G	T	C	R	S
N	A	I	U	A	G	D	E	O	E	G	O	M
I	R	N	P	X	F	K	G	L	D	A	G	O
O	P	E	U	R	I	S	P	E	U	L	M	T
P	G	Z	U	P	H	H	K	B	F	K	E	H
E	F	D	N	Q	P	O	S	S	U	M	A	V
F	A	H	N	A	R	I	P	W	R	J	G	H

Quail
Quetzal
Quokka
Quoll
Rabbit
Raccoon
Ragdoll
Rat
Red Panda
Red Wolf
Reindeer
Robin
Saola
Scorpion
Sea Lion

Word Search 15 (Solution)

R	L	U	N	O	I	P	R	O	C	S	R	L
E	A	T	K	T	R	A	B	B	I	T	E	C
E	Z	Q	U	A	F	U	Q	B	I	K	D	R
D	T	R	V	R	A	T	U	P	V	P	P	E
N	E	N	O	Z	H	L	O	X	N	L	A	D
I	U	E	A	B	L	F	K	Q	O	R	N	W
E	Q	V	F	I	I	W	K	R	O	J	D	O
R	I	H	A	T	N	N	A	Q	C	C	A	L
U	I	U	G	V	L	O	W	I	C	M	O	F
K	Q	N	F	L	L	O	D	G	A	R	Q	J
Z	S	A	O	L	A	J	F	X	R	N	F	A
B	N	U	L	A	F	N	S	T	C	R	N	J
K	Q	G	K	O	D	N	O	I	L	A	E	S

Sea Otter
Sea Slug
Seahorse
Seal
Serval
Sheep
Shih Tzu
Shrimp
Siamese
Siberian
Skunk
Sloth
Slow Worm
Snail
Snake

Word Search 16 (Solution)

R	K	D	S	H	E	E	P	K	G	R	U	N
G	E	S	S	L	O	W	W	O	R	M	W	I
U	D	P	S	I	A	M	E	S	E	X	N	N
L	I	C	H	A	K	N	U	K	S	M	X	F
S	Z	P	M	I	R	H	S	V	X	L	B	C
A	K	M	L	H	T	L	A	E	S	X	S	E
E	U	H	R	E	O	B	Q	C	O	E	I	S
S	R	E	T	T	O	A	E	S	R	A	E	R
Q	C	H	T	O	L	S	G	V	W	I	E	O
S	S	I	B	E	R	I	A	N	A	E	K	H
E	L	I	A	N	S	L	M	C	B	E	A	A
Q	D	S	H	I	H	T	Z	U	L	N	N	E
G	W	G	C	V	T	K	X	P	S	Q	S	S

Word Search 17 (Solution)

- Snowshoe
- Snowy Owl
- Somali
- Sparrow
- Sponge
- Squid
- Squirrel
- Starfish
- Stingray
- Stoat
- Sun Bear
- Swan
- Tang
- Tapir
- Tarsier

W	S	U	N	B	E	A	R	U	N	N	L	T
L	Y	A	R	G	N	I	T	S	H	E	C	D
U	M	X	S	P	O	N	G	E	R	G	I	U
E	T	A	P	I	R	B	R	R	O	S	L	S
S	E	E	K	W	E	W	I	O	P	O	A	T
Q	N	S	O	I	R	U	X	A	Q	H	M	O
Z	T	O	S	H	Q	E	R	J	K	S	O	A
U	Q	E	W	S	S	R	I	F	C	I	S	T
J	R	K	K	Y	O	W	A	S	J	F	Q	B
V	J	X	S	W	O	D	O	E	R	R	C	U
S	J	W	V	E	H	W	F	N	M	A	U	J
S	Q	U	I	D	N	W	L	I	S	T	T	T
T	A	N	G	Q	N	A	W	S	D	S	F	X

Word Search 18 (Solution)

- Tawny Owl
- Termite
- Tetra
- Tiffany
- Tiger
- Tortoise
- Toucan
- Tree Frog
- Tuatara
- Turkey
- Uakari
- Uguisu
- Vulture
- Wallaby
- Walrus

U	X	T	E	T	R	A	G	I	L	U	P	W
V	A	I	O	T	Q	I	O	M	S	S	P	A
K	T	K	T	U	I	F	Q	M	P	I	G	L
L	U	Q	A	Z	X	G	D	A	O	U	O	R
D	R	T	V	R	G	G	E	Q	S	G	R	U
E	K	O	T	P	I	H	Q	R	L	U	F	S
S	E	U	K	Y	B	A	L	L	A	W	E	U
I	Y	C	K	Y	N	A	F	F	I	T	E	V
O	Q	A	E	T	I	M	R	E	T	S	R	E
T	K	N	W	L	W	O	Y	N	W	A	T	H
R	U	X	Q	O	P	U	I	H	H	K	A	S
O	Z	O	A	R	A	T	A	U	T	K	H	O
T	V	U	L	T	U	R	E	L	D	O	E	M

SKYSCRAPER

Just like Sudoku and other Number Logic puzzles, the Skyscraper puzzle is one of the addictive easy logic puzzles. You must use logical skills to resolve this kind of puzzle. Skyscrapers puzzles come in many sizes and range from very easy to extremely difficult. They may take from five minutes to several hours to solve.

Rules: Each skyscraper puzzle consists of an NxN grid with some clues along its sides. The goal is to place a skyscraper in each square, with a height between 1 and N, so that no two skyscrapers in a row or column have the same number of floors. And the number of visible skyscrapers, as viewed from the direction of each clue, is equal to the value of the clue. Note that higher skyscrapers block the view of lower skyscrapers located behind them.

Solutions: Solutions are at the end of the Skyscraper part in this book.

SKYSCRAPER - 1

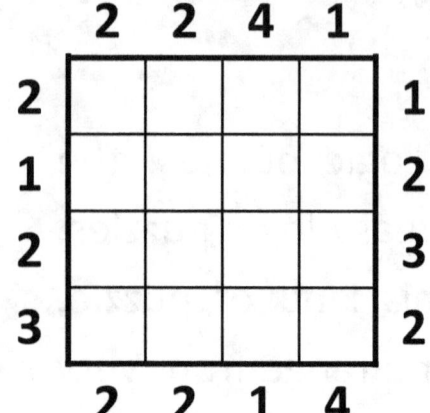

SKYSCRAPER - 2

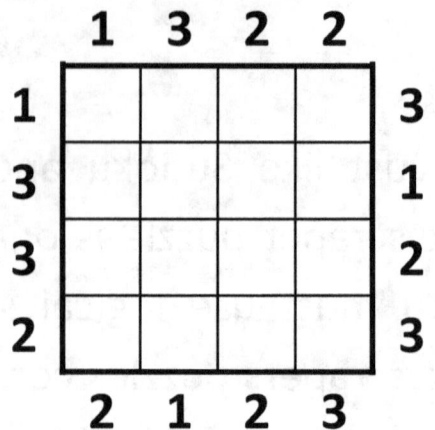

SKYSCRAPER - 3

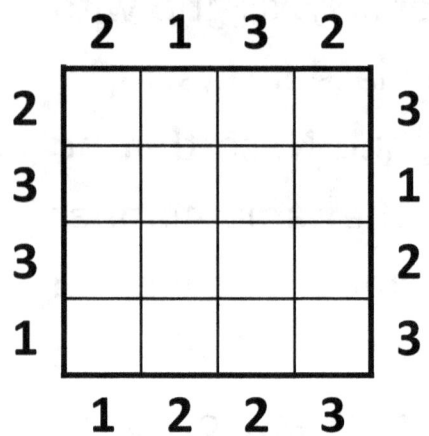

SKYSCRAPER - 4

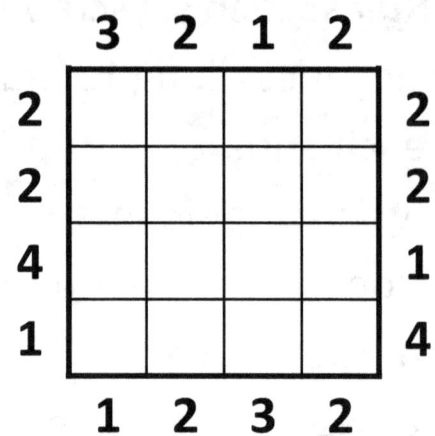

SKYSCRAPER - 5

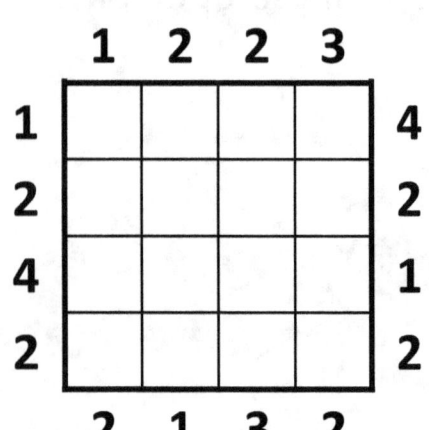

SKYSCRAPER - 6

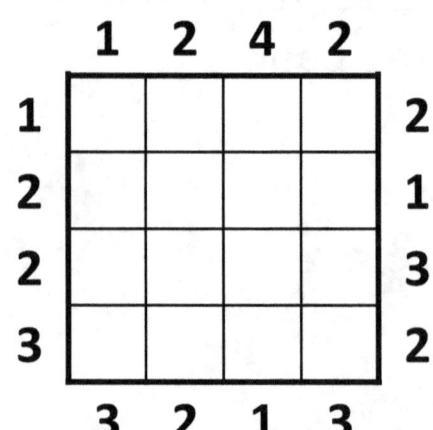

SKYSCRAPER - 7

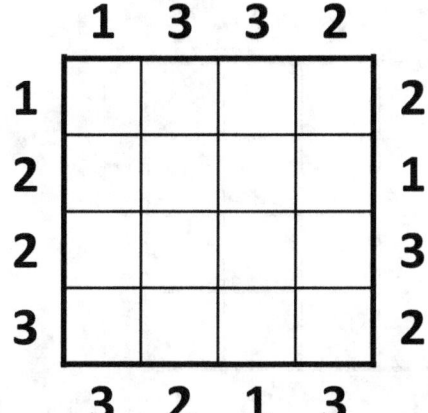

SKYSCRAPER - 8

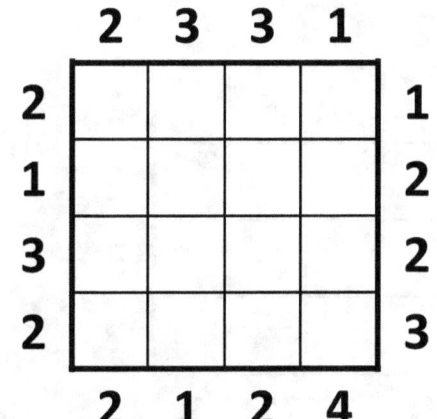

SKYSCRAPER - 9

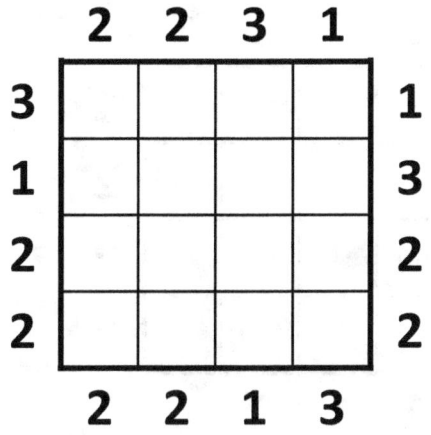

SKYSCRAPER - 10

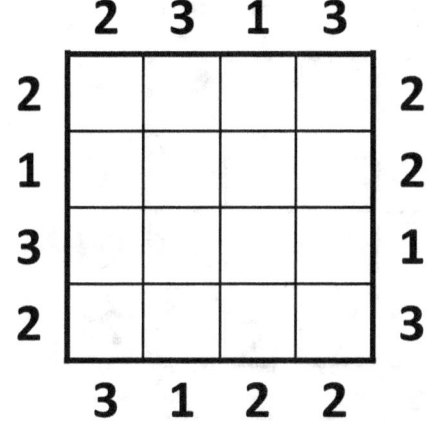

SKYSCRAPER - 11

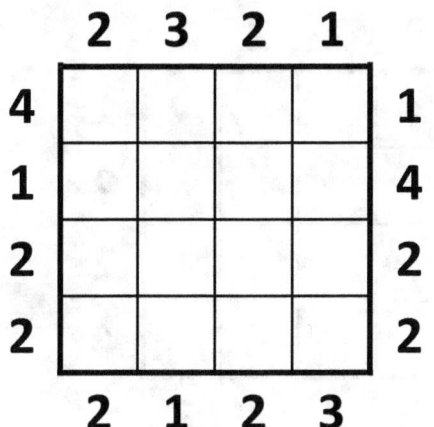

SKYSCRAPER - 12

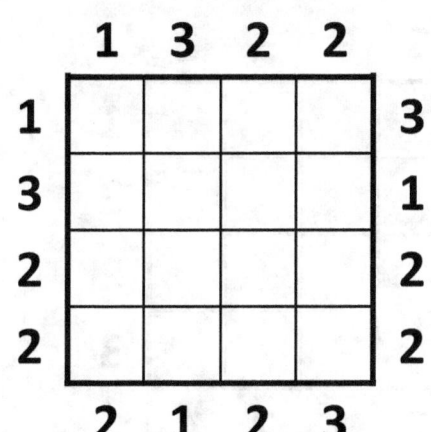

SKYSCRAPER - 13
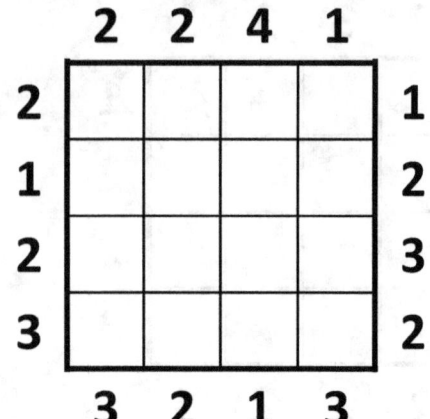

SKYSCRAPER - 14
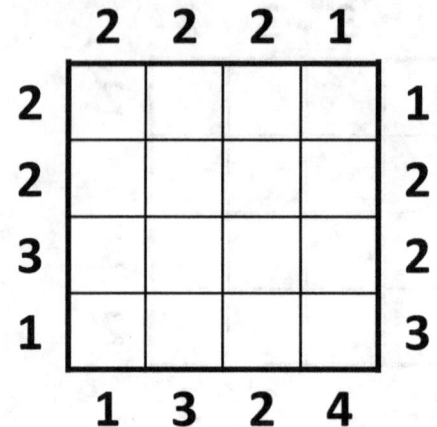

SKYSCRAPER - 15
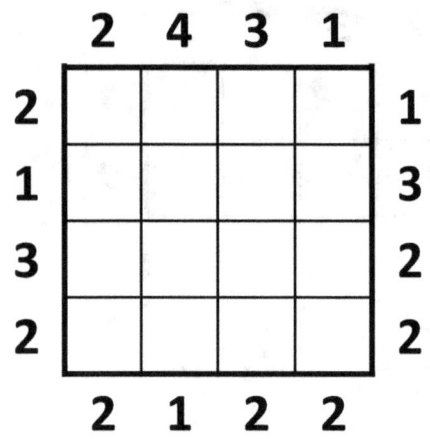

SKYSCRAPER - 16
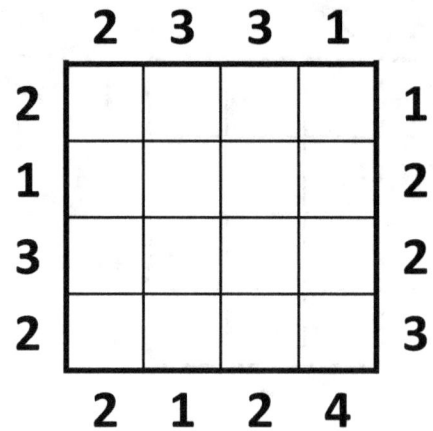

SKYSCRAPER - 17
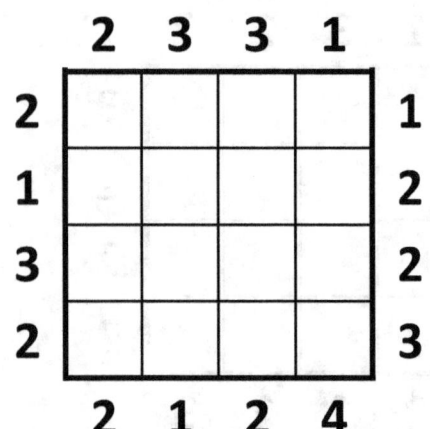

SKYSCRAPER - 18
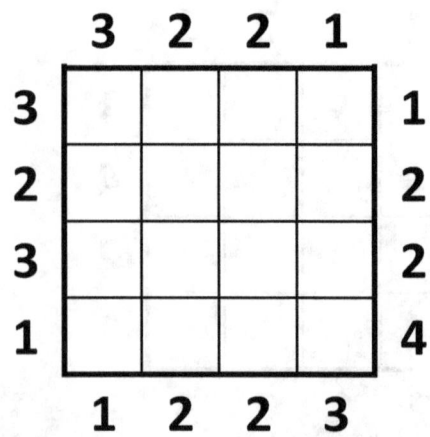

SKYSCRAPER - 19

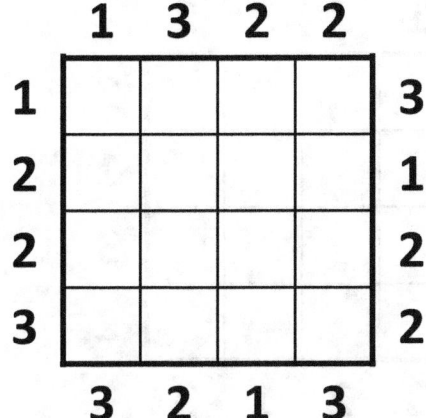

SKYSCRAPER - 20

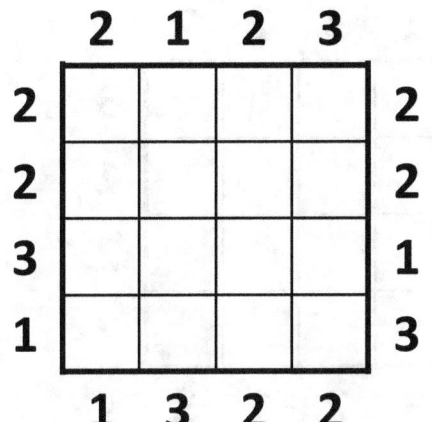

SKYSCRAPER - 21

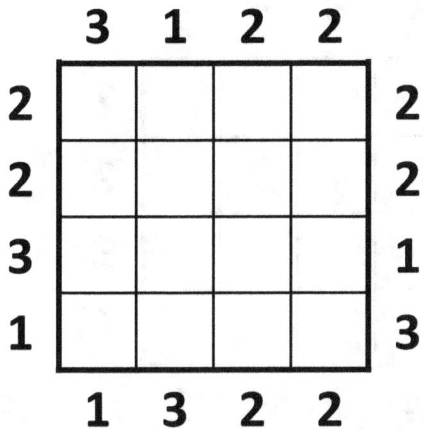

SKYSCRAPER - 22

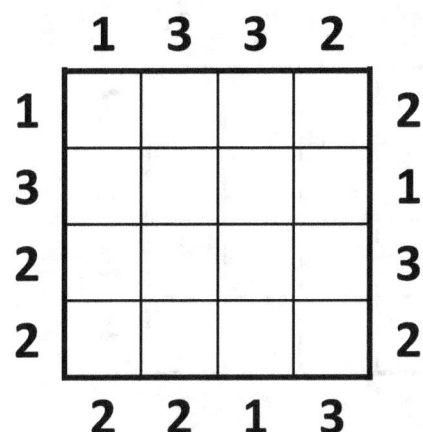

SKYSCRAPER - 23

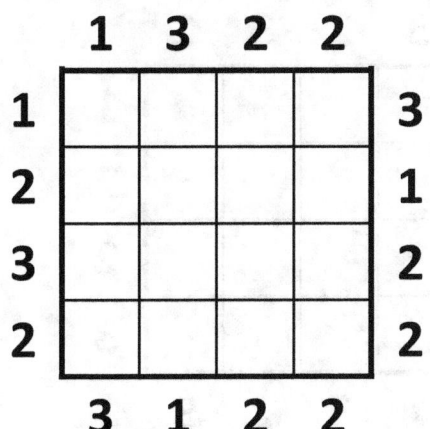

SKYSCRAPER - 24

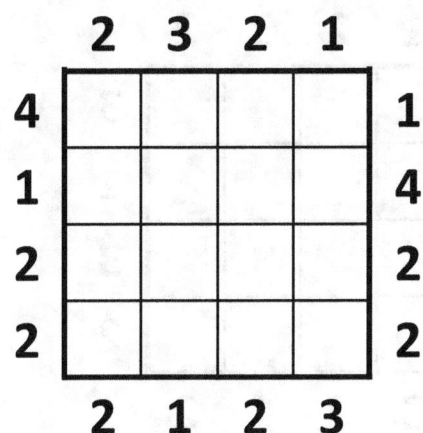

SKYSCRAPER - 25
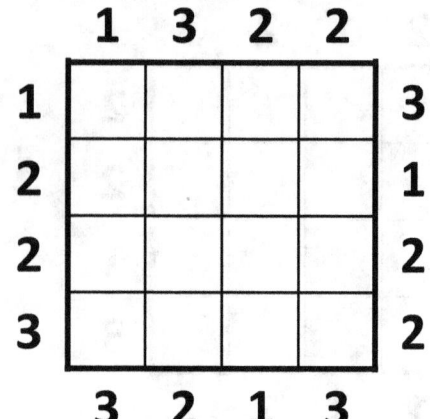

SKYSCRAPER - 26
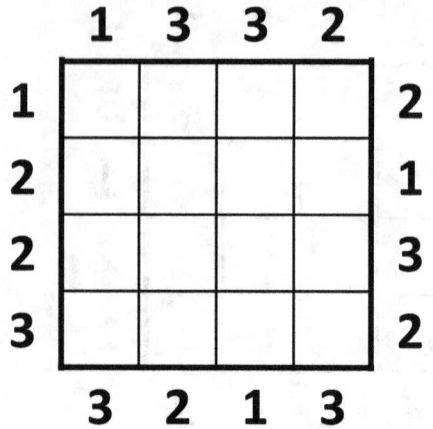

SKYSCRAPER - 27
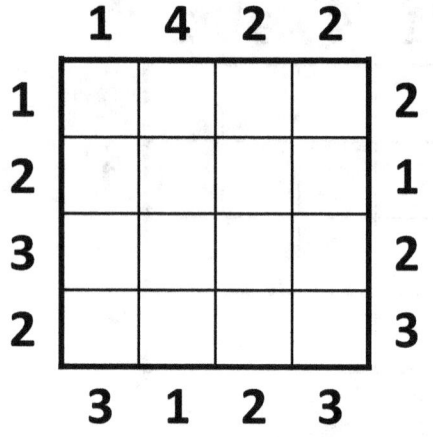

SKYSCRAPER - 28
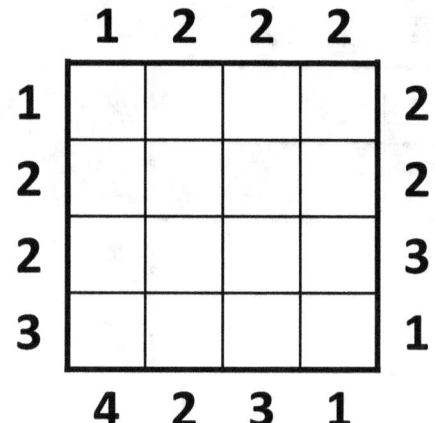

SKYSCRAPER - 29
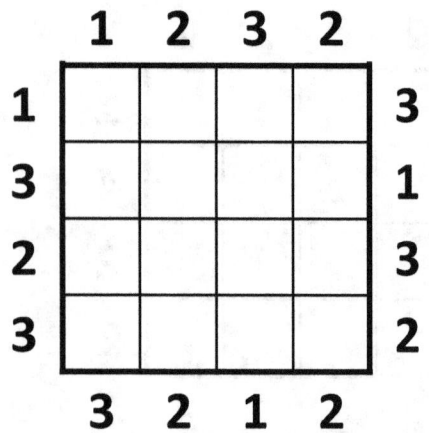

SKYSCRAPER - 30
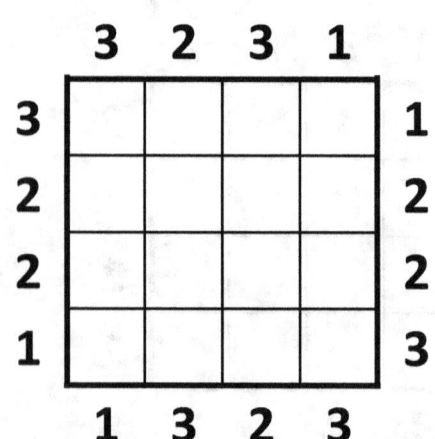

SKYSCRAPER - 31

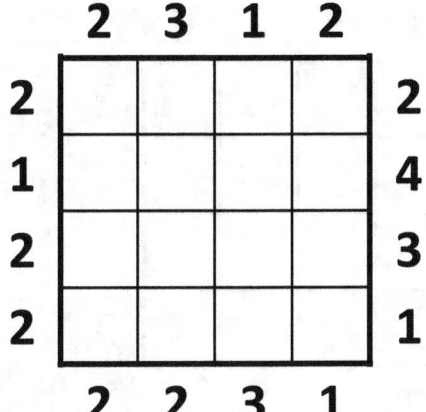

SKYSCRAPER - 32

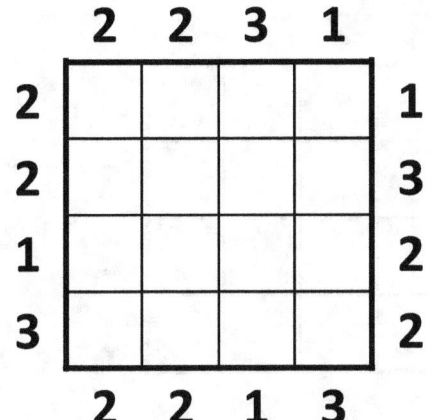

SKYSCRAPER - 33

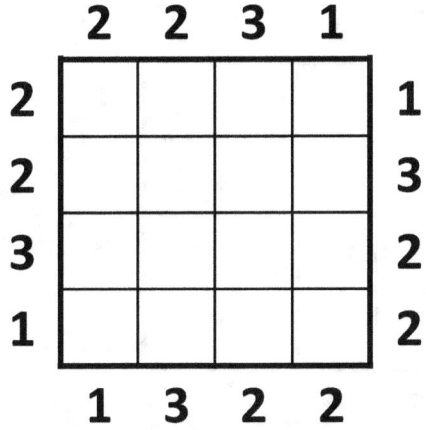

SKYSCRAPER - 34

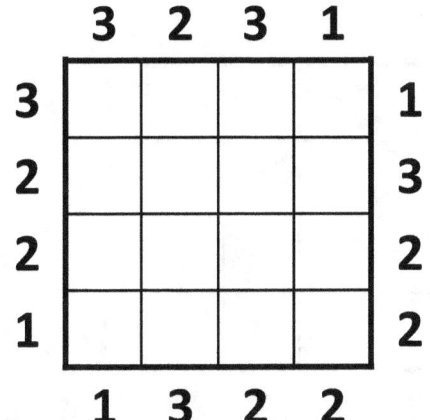

SKYSCRAPER - 35

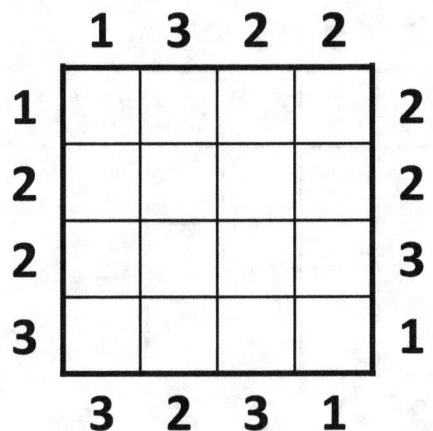

SKYSCRAPER - 36

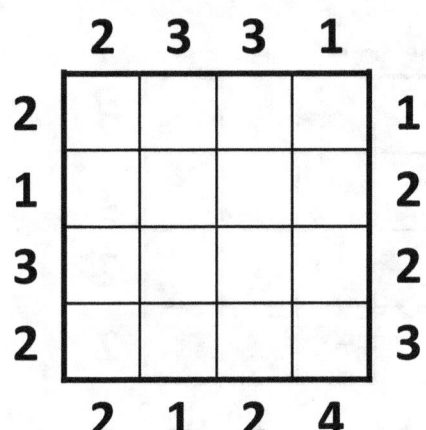

SKYSCRAPER - 37
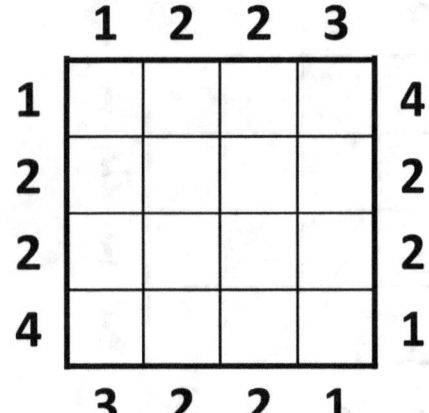

SKYSCRAPER - 38
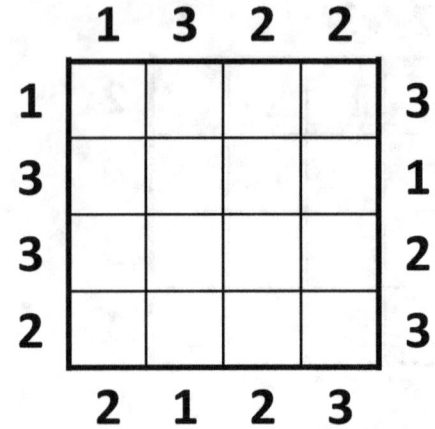

SKYSCRAPER - 39
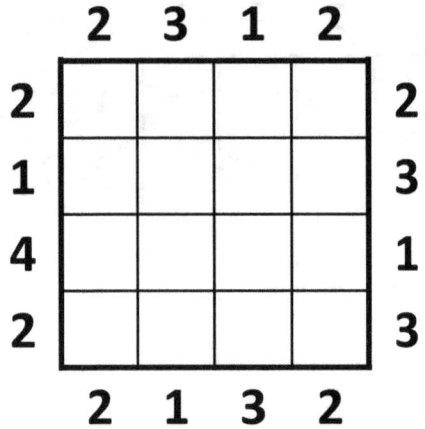

SKYSCRAPER - 40
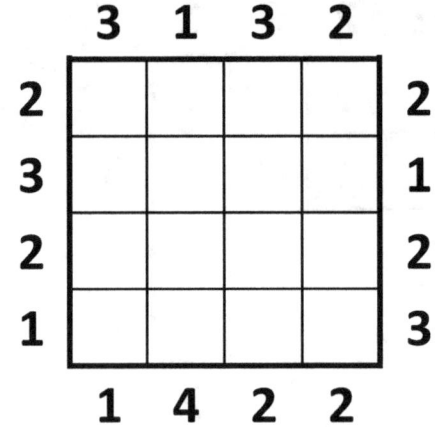

SKYSCRAPER - 41
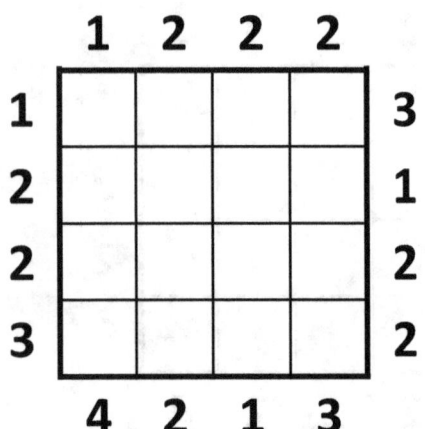

SKYSCRAPER - 42
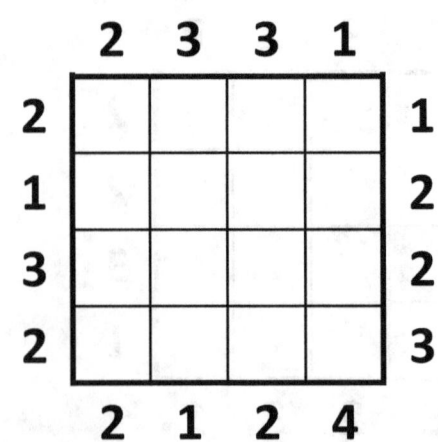

SKYSCRAPER - 43

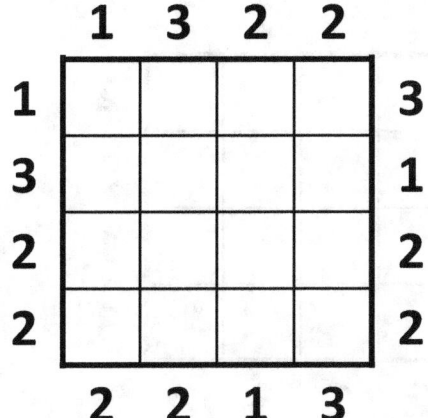

SKYSCRAPER - 44

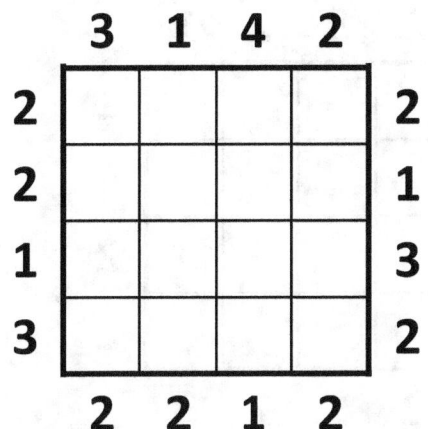

SKYSCRAPER - 45

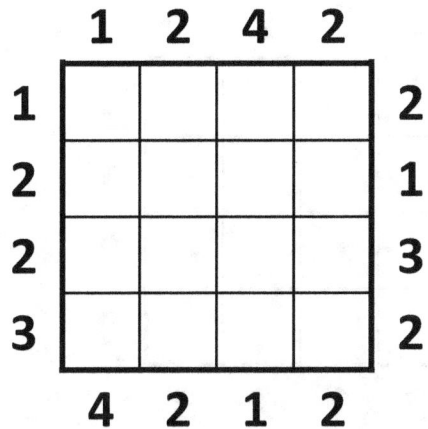

SKYSCRAPER - 46

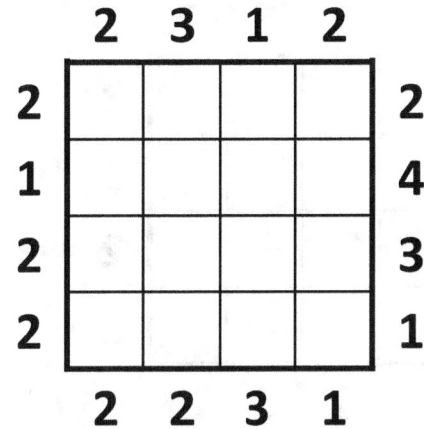

SKYSCRAPER - 47

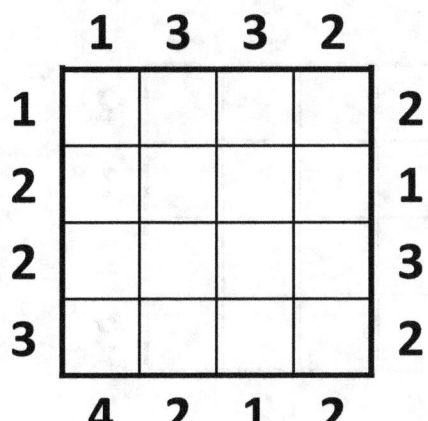

SKYSCRAPER - 48

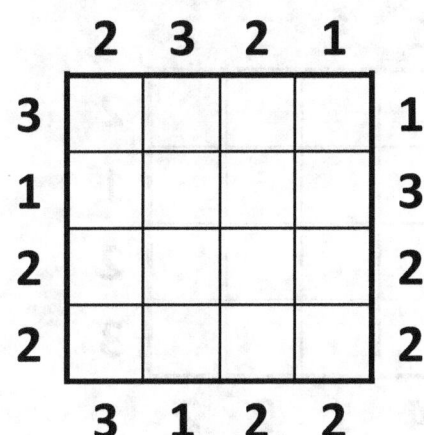

SKYSCRAPER - 49
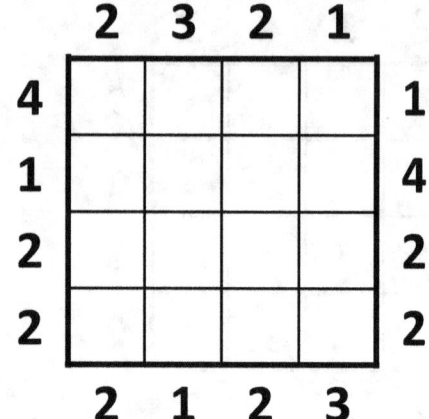

SKYSCRAPER - 50
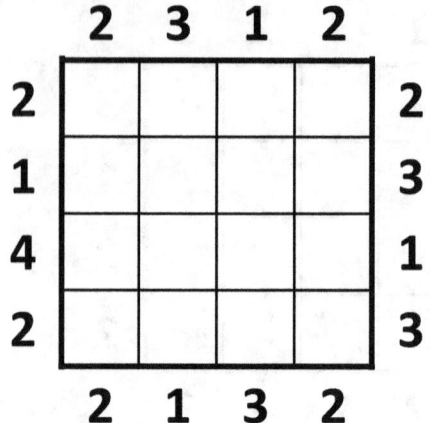

SKYSCRAPER - 51
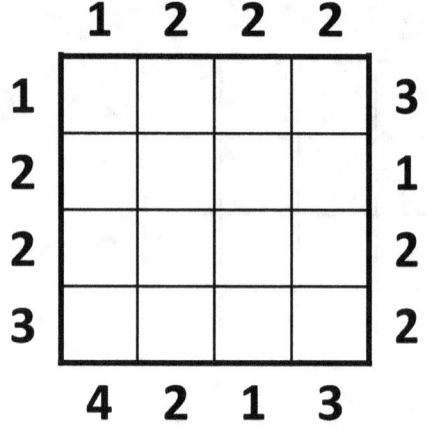

SKYSCRAPER - 52
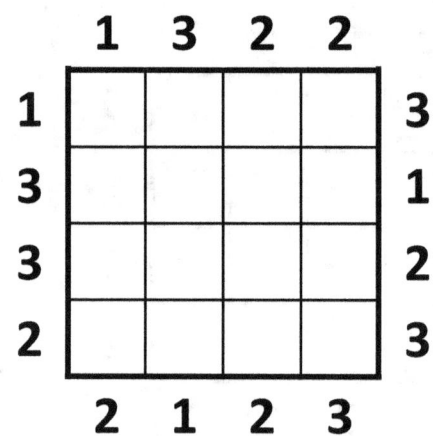

SKYSCRAPER - 53
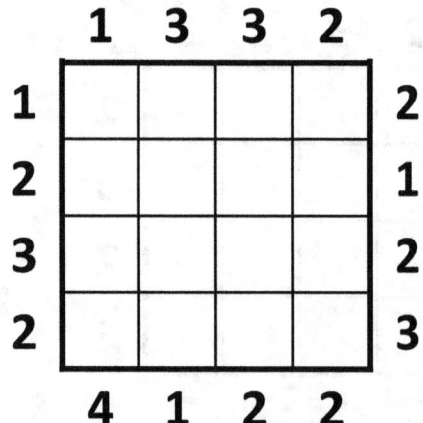

SKYSCRAPER - 54
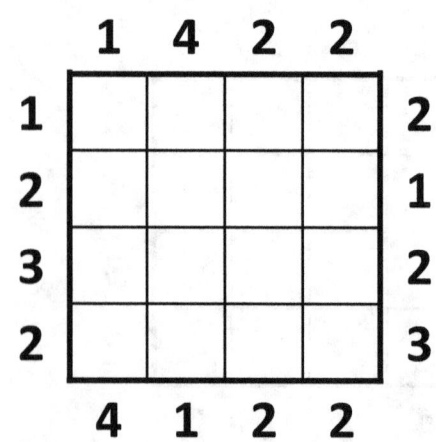

SKYSCRAPER - 55
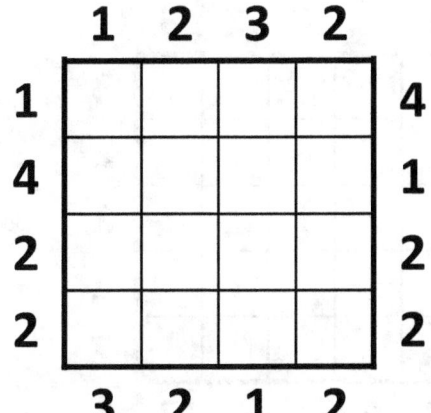

SKYSCRAPER - 56
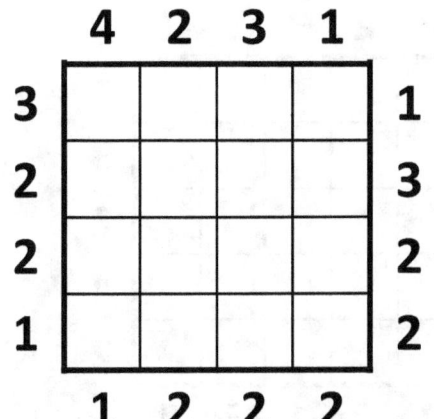

SKYSCRAPER - 57
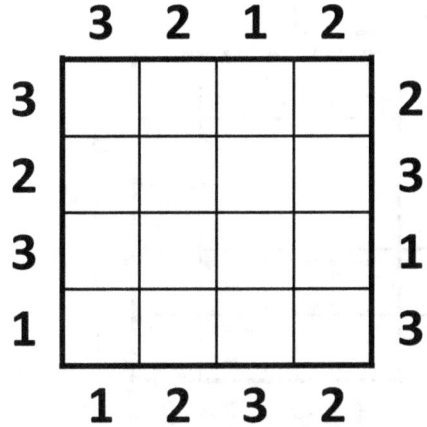

SKYSCRAPER - 58
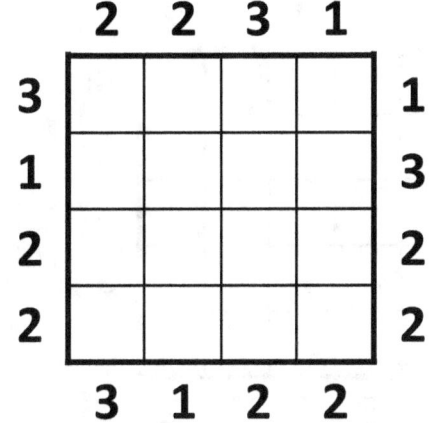

SKYSCRAPER - 59
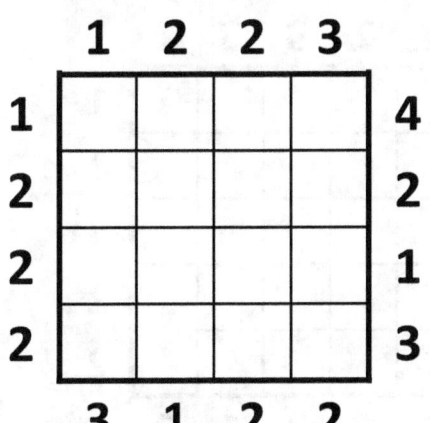

SKYSCRAPER - 60
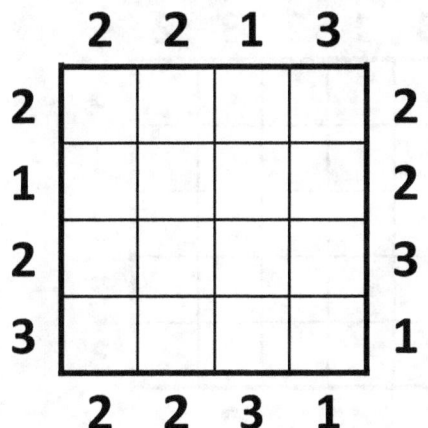

SKYSCRAPER - 61
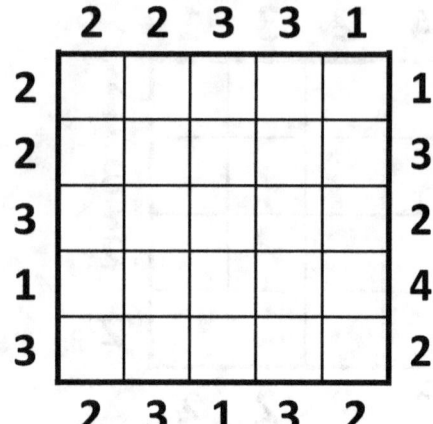

SKYSCRAPER - 62
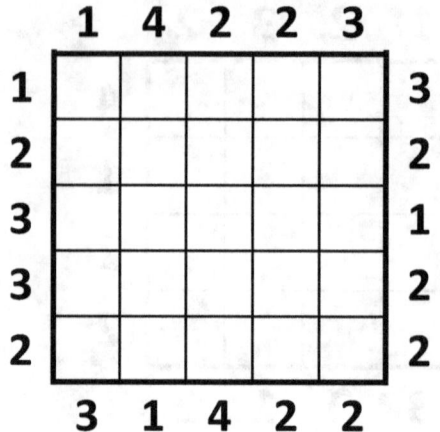

SKYSCRAPER - 63
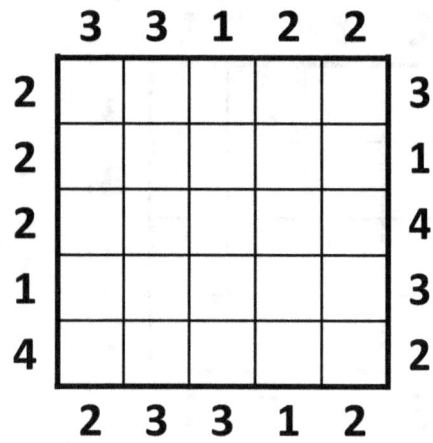

SKYSCRAPER - 64
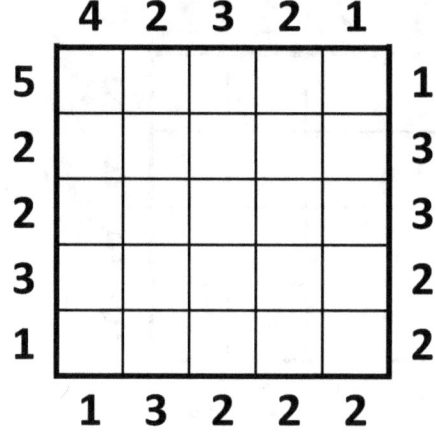

SKYSCRAPER - 65
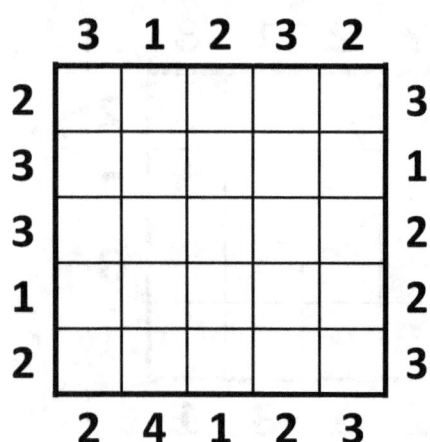

SKYSCRAPER - 66
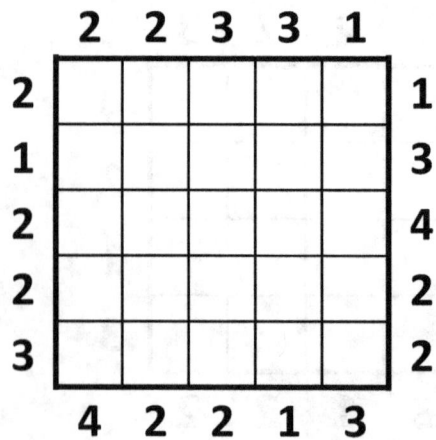

SKYSCRAPER - 67

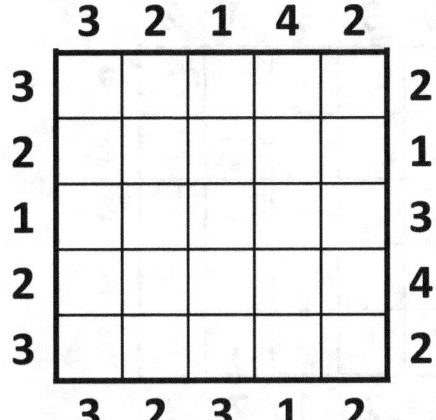

SKYSCRAPER - 68

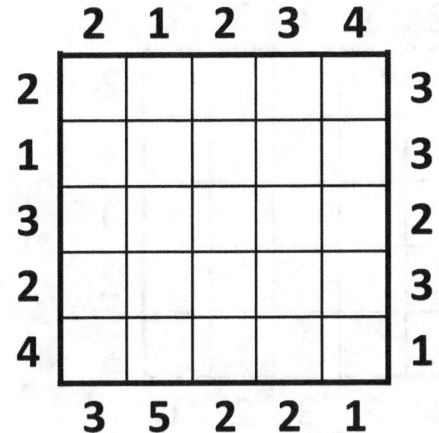

SKYSCRAPER - 69

SKYSCRAPER - 70

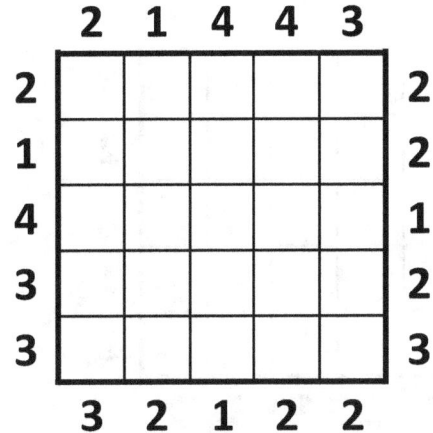

SKYSCRAPER - 71

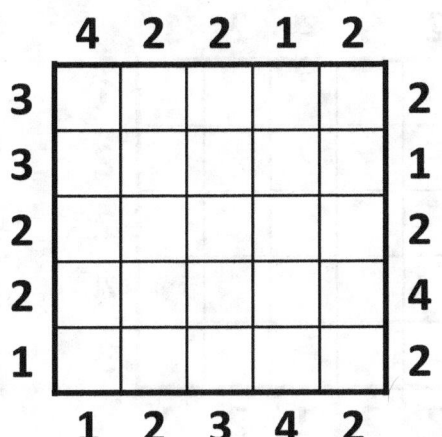

SKYSCRAPER - 72

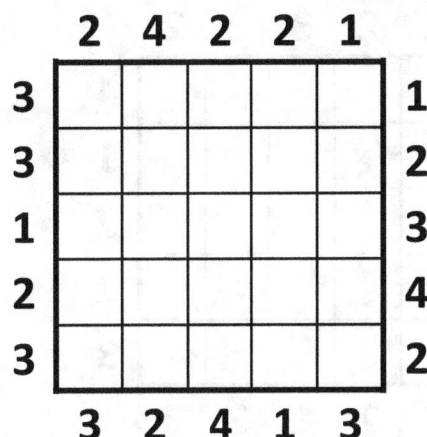

SKYSCRAPER - 73
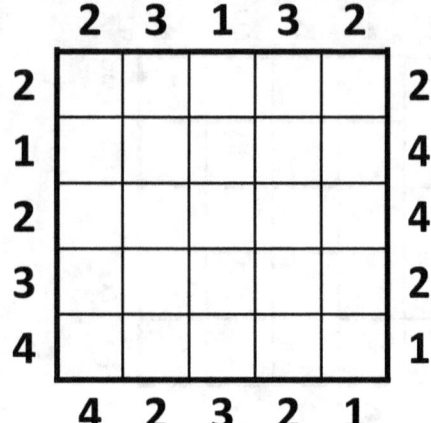

SKYSCRAPER - 74
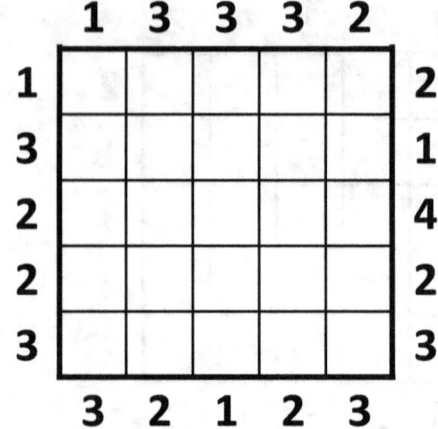

SKYSCRAPER - 75
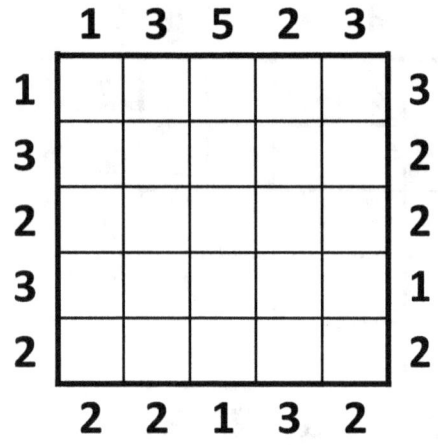

SKYSCRAPER - 76
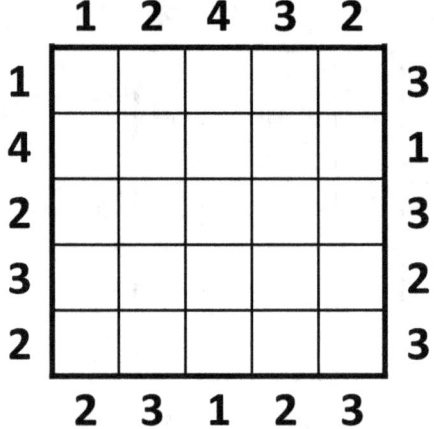

SKYSCRAPER - 77
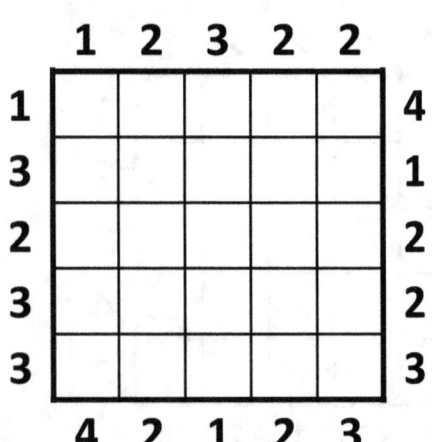

SKYSCRAPER - 78
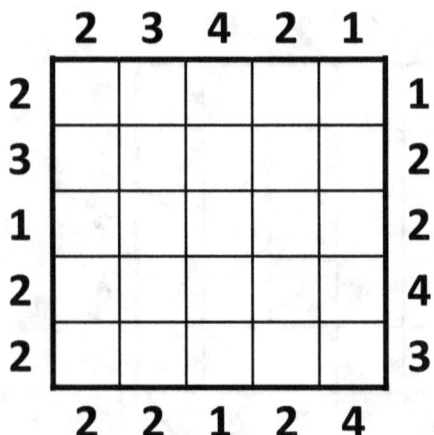

SKYSCRAPER - 79

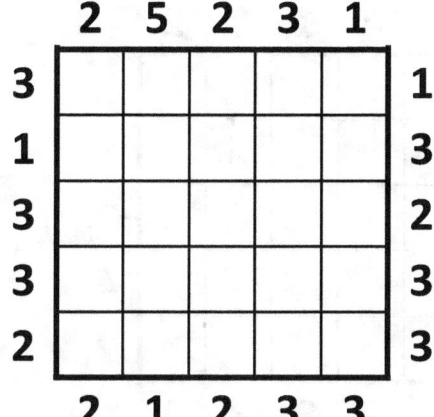

SKYSCRAPER - 80

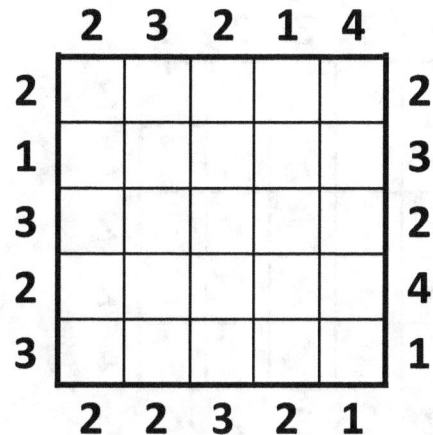

SKYSCRAPER - 81

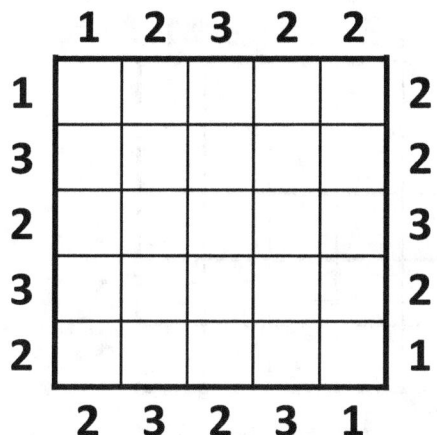

SKYSCRAPER - 82

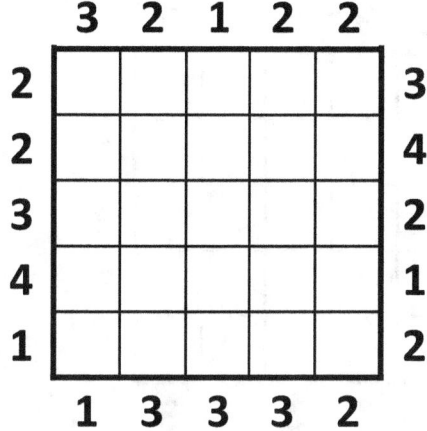

SKYSCRAPER - 83

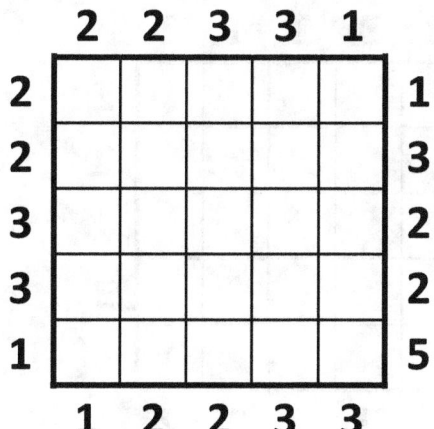

SKYSCRAPER - 84

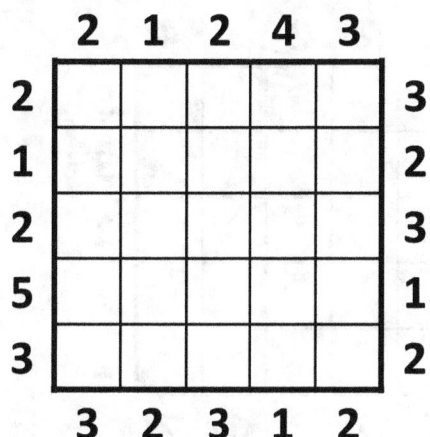

SKYSCRAPER - 85

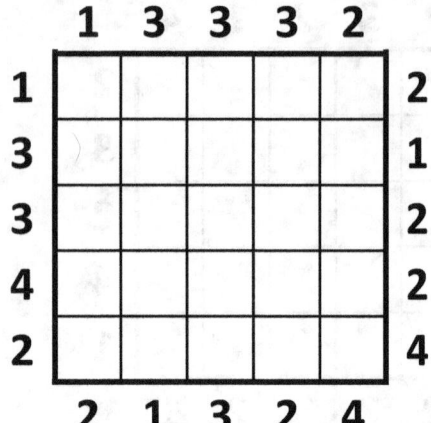

SKYSCRAPER - 86

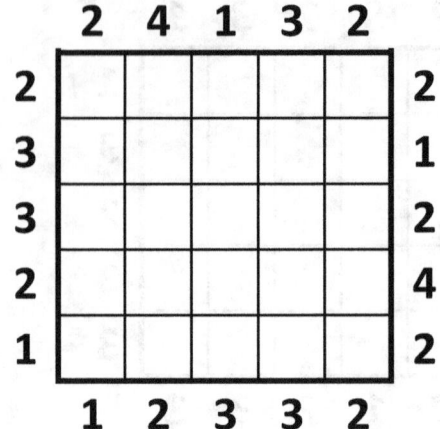

SKYSCRAPER - 87

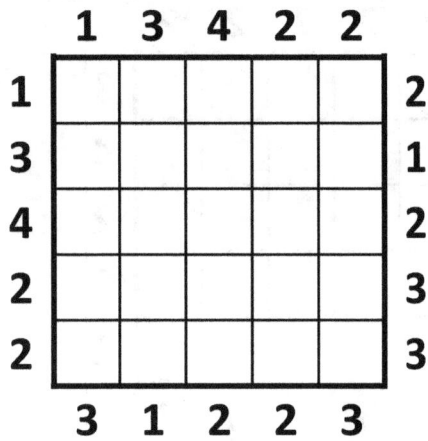

SKYSCRAPER - 88

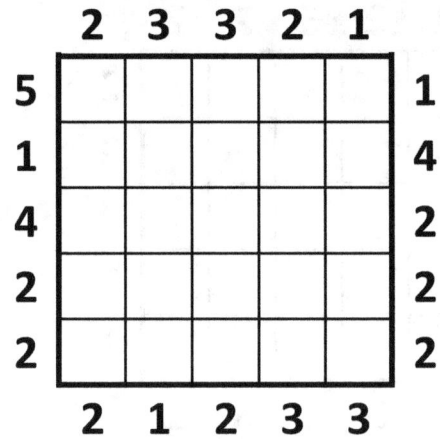

SKYSCRAPER - 89

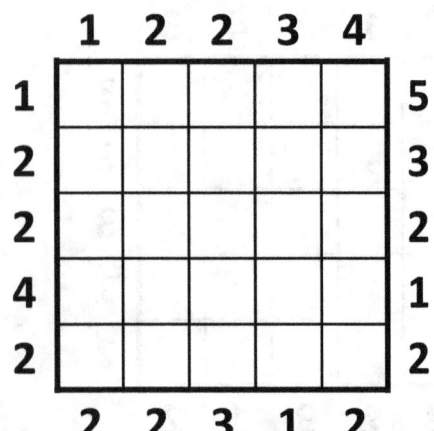

SKYSCRAPER - 90

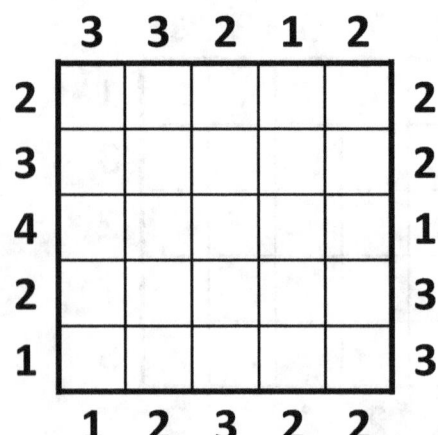

SKYSCRAPER - 1 (Solution)

	2	2	4	1	
2	3	2	1	4	1
1	4	1	2	3	2
2	1	4	3	2	3
3	2	3	4	1	2
	2	2	1	4	

SKYSCRAPER - 2 (Solution)

	1	3	2	2	
1	4	1	3	2	3
3	2	3	1	4	1
3	1	2	4	3	2
2	3	4	2	1	3
	2	1	2	3	

SKYSCRAPER - 3 (Solution)

	2	1	3	2	
2	3	4	2	1	3
3	2	1	3	4	1
3	1	2	4	3	2
1	4	3	1	2	3
	1	2	2	3	

SKYSCRAPER - 4 (Solution)

	3	2	1	2	
2	2	1	4	3	2
2	3	4	1	2	2
4	1	2	3	4	1
1	4	3	2	1	4
	1	2	3	2	

SKYSCRAPER - 5 (Solution)

	1	2	2	3	
1	4	3	2	1	4
2	2	1	4	3	2
4	1	2	3	4	1
2	3	4	1	2	2
	2	1	3	2	

SKYSCRAPER - 6 (Solution)

	1	2	4	2	
1	4	2	1	3	2
2	3	1	2	4	1
2	1	4	3	2	3
3	2	3	4	1	2
	3	2	1	3	

SKYSCRAPER - 7 (Solution)

	1	3	3	2	
1	4	1	2	3	2
2	3	2	1	4	1
2	1	4	3	2	3
3	2	3	4	1	2
	3	2	1	3	

SKYSCRAPER - 8 (Solution)

	2	3	3	1	
2	3	2	1	4	1
1	4	1	2	3	2
3	1	3	4	2	2
2	2	4	3	1	3
	2	1	2	4	

SKYSCRAPER - 9 (Solution)

	2	2	3	1	
3	1	3	2	4	1
1	4	2	3	1	3
2	2	4	1	3	2
2	3	1	4	2	2
	2	2	1	3	

SKYSCRAPER - 10 (Solution)

	2	3	1	3	
2	3	2	4	1	2
1	4	1	2	3	2
3	2	3	1	4	1
2	1	4	3	2	3
	3	1	2	2	

SKYSCRAPER - 11 (Solution)

	2	3	2	1	
4	1	2	3	4	1
1	4	3	2	1	4
2	2	1	4	3	2
2	3	4	1	2	2
	2	1	2	3	

SKYSCRAPER - 12 (Solution)

	1	3	2	2	
1	4	2	3	1	3
3	1	3	2	4	1
2	2	1	4	3	2
2	3	4	1	2	2
	2	1	2	3	

SKYSCRAPER - 13 (Solution)

	2	2	4	1	
2	3	2	1	4	1
1	4	1	2	3	2
2	2	4	3	1	3
3	1	3	4	2	2
	3	2	1	3	

SKYSCRAPER - 14 (Solution)

	2	2	2	1	
2	3	1	2	4	1
2	2	4	1	3	2
3	1	3	4	2	2
1	4	2	3	1	3
	1	3	2	4	

SKYSCRAPER - 15 (Solution)

	2	4	3	1	
2	3	1	2	4	1
1	4	2	3	1	3
3	1	3	4	2	2
2	2	4	1	3	2
	2	1	2	2	

SKYSCRAPER - 16 (Solution)

	2	3	3	1	
2	3	2	1	4	1
1	4	1	2	3	2
3	1	3	4	2	2
2	2	4	3	1	3
	2	1	2	4	

SKYSCRAPER - 17 (Solution)

	2	3	3	1	
2	3	2	1	4	1
1	4	1	2	3	2
3	1	3	4	2	2
2	2	4	3	1	3
	2	1	2	4	

SKYSCRAPER - 18 (Solution)

	3	2	2	1	
3	2	1	3	4	1
2	3	4	1	2	2
3	1	2	4	3	2
1	4	3	2	1	4
	1	2	2	3	

SKYSCRAPER - 19 (Solution)

	1	3	2	2	
1	4	1	3	2	3
2	3	2	1	4	1
2	1	4	2	3	2
3	2	3	4	1	2
	3	2	1	3	

SKYSCRAPER - 20 (Solution)

	2	1	2	3	
2	3	4	1	2	2
2	2	1	4	3	2
3	1	3	2	4	1
1	4	2	3	1	3
	1	3	2	2	

SKYSCRAPER - 21 (Solution)

	3	1	2	2	
2	2	4	1	3	2
2	3	1	4	2	2
3	1	3	2	4	1
1	4	2	3	1	3
	1	3	2	2	

SKYSCRAPER - 22 (Solution)

	1	3	3	2	
1	4	1	2	3	2
3	2	3	1	4	1
2	1	4	3	2	3
2	3	2	4	1	2
	2	2	1	3	

SKYSCRAPER - 23 (Solution)

	1	3	2	2	
1	4	2	3	1	3
2	3	1	2	4	1
3	1	3	4	2	2
2	2	4	1	3	2
	3	1	2	2	

SKYSCRAPER - 24 (Solution)

	2	3	2	1	
4	1	2	3	4	1
1	4	3	2	1	4
2	2	1	4	3	2
2	3	4	1	2	2
	2	1	2	3	

SKYSCRAPER - 25 (Solution)

	1	3	2	2	
1	4	1	3	2	3
2	3	2	1	4	1
2	1	4	2	3	2
3	2	3	4	1	2
	3	2	1	3	

SKYSCRAPER - 26 (Solution)

	1	3	3	2	
1	4	1	2	3	2
2	3	2	1	4	1
2	1	4	3	2	3
3	2	3	4	1	2
	3	2	1	3	

SKYSCRAPER - 27 (Solution)

	1	4	2	2	
1	4	1	2	3	2
2	3	2	1	4	1
3	1	3	4	2	2
2	2	4	3	1	3
	3	1	2	3	

SKYSCRAPER - 28 (Solution)

	1	2	2	2	
1	4	2	1	3	2
2	3	1	4	2	2
2	2	4	3	1	3
3	1	3	2	4	1
	4	2	3	1	

SKYSCRAPER - 29 (Solution)

	1	2	3	2	
1	4	3	1	2	3
3	2	1	3	4	1
2	3	4	2	1	3
3	1	2	4	3	2
	3	2	1	2	

SKYSCRAPER - 30 (Solution)

	3	2	3	1	
3	2	3	1	4	1
2	1	4	2	3	2
2	3	2	4	1	2
1	4	1	3	2	3
	1	3	2	3	

SKYSCRAPER - 31 (Solution)

	2	3	1	2	
2	2	1	4	3	2
1	4	3	2	1	4
2	1	4	3	2	3
2	3	2	1	4	1
	2	2	3	1	

SKYSCRAPER - 32 (Solution)

	2	2	3	1	
2	3	1	2	4	1
2	2	4	3	1	3
1	4	2	1	3	2
3	1	3	4	2	2
	2	2	1	3	

SKYSCRAPER - 33 (Solution)

	2	2	3	1	
2	3	1	2	4	1
2	2	4	3	1	3
3	1	3	4	2	2
1	4	2	1	3	2
	1	3	2	2	

SKYSCRAPER - 34 (Solution)

	3	2	3	1	
3	2	3	1	4	1
2	1	4	3	2	3
2	3	2	4	1	2
1	4	1	2	3	2
	1	3	2	2	

SKYSCRAPER - 35 (Solution)

	1	3	2	2	
1	4	1	2	3	2
2	3	2	4	1	2
2	1	4	3	2	3
3	2	3	1	4	1
	3	2	3	1	

SKYSCRAPER - 36 (Solution)

	2	3	3	1	
2	3	2	1	4	1
1	4	1	2	3	2
3	1	3	4	2	2
2	2	4	3	1	3
	2	1	2	4	

SKYSCRAPER - 37 (Solution)

	1	2	2	3	
1	4	3	2	1	4
2	2	1	4	3	2
2	3	4	1	2	2
4	1	2	3	4	1
	3	2	2	1	

SKYSCRAPER - 38 (Solution)

	1	3	2	2	
1	4	1	3	2	3
3	2	3	1	4	1
3	1	2	4	3	2
2	3	4	2	1	3
	2	1	2	3	

SKYSCRAPER - 39 (Solution)

	2	3	1	2	
2	2	1	4	3	2
1	4	3	1	2	3
4	1	2	3	4	1
2	3	4	2	1	3
	2	1	3	2	

SKYSCRAPER - 40 (Solution)

	3	1	3	2	
2	2	4	1	3	2
3	1	3	2	4	1
2	3	2	4	1	2
1	4	1	3	2	3
	1	4	2	2	

SKYSCRAPER - 41 (Solution)

	1	2	2	2	
1	4	2	3	1	3
2	3	1	2	4	1
2	2	4	1	3	2
3	1	3	4	2	2
	4	2	1	3	

SKYSCRAPER - 42 (Solution)

	2	3	3	1	
2	3	2	1	4	1
1	4	1	2	3	2
3	1	3	4	2	2
2	2	4	3	1	3
	2	1	2	4	

SKYSCRAPER - 43 (Solution)

	1	3	2	2	
1	4	2	3	1	3
3	1	3	2	4	1
2	2	4	1	3	2
2	3	1	4	2	2
	2	2	1	3	

SKYSCRAPER - 44 (Solution)

	3	1	4	2	
2	2	4	1	3	2
2	3	1	2	4	1
1	4	2	3	1	3
3	1	3	4	2	2
	2	2	1	2	

SKYSCRAPER - 45 (Solution)

	1	2	4	2	
1	4	2	1	3	2
2	3	1	2	4	1
2	2	4	3	1	3
3	1	3	4	2	2
	4	2	1	2	

SKYSCRAPER - 46 (Solution)

	2	3	1	2	
2	2	1	4	3	2
1	4	3	2	1	4
2	1	4	3	2	3
2	3	2	1	4	1
	2	2	3	1	

SKYSCRAPER - 47 (Solution)

	1	3	3	2	
1	4	1	2	3	2
2	3	2	1	4	1
2	2	4	3	1	3
3	1	3	4	2	2
	4	2	1	2	

SKYSCRAPER - 48 (Solution)

	2	3	2	1	
3	2	1	3	4	1
1	4	3	1	2	3
2	3	2	4	1	2
2	1	4	2	3	2
	3	1	2	2	

SKYSCRAPER - 49 (Solution)

	2	3	2	1	
4	1	2	3	4	1
1	4	3	2	1	4
2	2	1	4	3	2
2	3	4	1	2	2
	2	1	2	3	

SKYSCRAPER - 50 (Solution)

	2	3	1	2	
2	2	1	4	3	2
1	4	3	1	2	3
4	1	2	3	4	1
2	3	4	2	1	3
	2	1	3	2	

SKYSCRAPER - 51 (Solution)

	1	2	2	2	
1	4	2	3	1	3
2	3	1	2	4	1
2	2	4	1	3	2
3	1	3	4	2	2
	4	2	1	3	

SKYSCRAPER - 52 (Solution)

	1	3	2	2	
1	4	1	3	2	3
3	2	3	1	4	1
3	1	2	4	3	2
2	3	4	2	1	3
	2	1	2	3	

SKYSCRAPER - 53 (Solution)

	1	3	3	2	
1	4	2	1	3	2
2	3	1	2	4	1
3	2	3	4	1	2
2	1	4	3	2	3
	4	1	2	2	

SKYSCRAPER - 54 (Solution)

	1	4	2	2	
1	4	1	2	3	2
2	3	2	1	4	1
3	2	3	4	1	2
2	1	4	3	2	3
	4	1	2	2	

SKYSCRAPER - 55 (Solution)

	1	2	3	2	
1	4	3	2	1	4
4	1	2	3	4	1
2	3	4	1	2	2
2	2	1	4	3	2
	3	2	1	2	

SKYSCRAPER - 56 (Solution)

	4	2	3	1	
3	1	3	2	4	1
2	2	4	3	1	3
2	3	1	4	2	2
1	4	2	1	3	2
	1	2	2	2	

SKYSCRAPER - 57 (Solution)

	3	2	1	2	
3	1	2	4	3	2
2	3	4	2	1	3
3	2	1	3	4	1
1	4	3	1	2	3
	1	2	3	2	

SKYSCRAPER - 58 (Solution)

	2	2	3	1	
3	2	3	1	4	1
1	4	1	3	2	3
2	3	2	4	1	2
2	1	4	2	3	2
	3	1	2	2	

SKYSCRAPER - 59 (Solution)

	1	2	2	3	
1	4	3	2	1	4
2	2	1	4	3	2
2	3	2	1	4	1
2	1	4	3	2	3
	3	1	2	2	

SKYSCRAPER - 60 (Solution)

	2	2	1	3	
2	3	2	4	1	2
1	4	1	2	3	2
2	1	4	3	2	3
3	2	3	1	4	1
	2	2	3	1	

SKYSCRAPER - 61 (Solution)

	2	2	3	3	1	
2	4	1	3	2	5	1
2	1	5	2	4	3	3
3	3	2	4	5	1	2
1	5	4	1	3	2	4
3	2	3	5	1	4	2
	2	3	1	3	2	

SKYSCRAPER - 62 (Solution)

	1	4	2	2	3	
1	5	2	3	4	1	3
2	4	3	5	1	2	2
3	2	1	4	3	5	1
3	1	4	2	5	3	2
2	3	5	1	2	4	2
	3	1	4	2	2	

SKYSCRAPER - 63 (Solution)

	3	3	1	2	2	
2	3	1	5	4	2	3
2	4	3	2	1	5	1
2	2	5	4	3	1	4
1	5	4	1	2	3	3
4	1	2	3	5	4	2
	2	3	3	1	2	

SKYSCRAPER - 64 (Solution)

	4	2	3	2	1	
5	1	2	3	4	5	1
2	2	5	4	1	3	3
2	4	3	5	2	1	3
3	3	4	1	5	2	2
1	5	1	2	3	4	2
	1	3	2	2	2	

SKYSCRAPER - 65 (Solution)

	3	1	2	3	2	
2	1	5	4	2	3	3
3	3	2	1	4	5	1
3	2	4	3	5	1	2
1	5	3	2	1	4	2
2	4	1	5	3	2	3
	2	4	1	2	3	

SKYSCRAPER - 66 (Solution)

	2	2	3	3	1	
2	4	3	2	1	5	1
1	5	2	1	4	3	3
2	3	5	4	2	1	4
2	2	1	5	3	4	2
3	1	4	3	5	2	2
	4	2	2	1	3	

SKYSCRAPER - 67 (Solution)

	3	2	1	4	2	
3	3	4	5	1	2	2
2	4	1	3	2	5	1
1	5	2	1	4	3	3
2	2	5	4	3	1	4
3	1	3	2	5	4	2
	3	2	3	1	2	

SKYSCRAPER - 68 (Solution)

	2	1	2	3	4	
2	3	5	4	1	2	3
1	5	4	1	2	3	3
3	1	3	2	5	4	2
2	4	2	5	3	1	3
4	2	1	3	4	5	1
	3	5	2	2	1	

SKYSCRAPER - 69 (Solution)

	3	2	2	1	3	
3	2	1	4	5	3	2
2	3	5	1	2	4	2
3	1	4	5	3	2	3
1	5	3	2	4	1	3
2	4	2	3	1	5	1
	2	4	2	3	1	

SKYSCRAPER - 70 (Solution)

	2	1	4	4	3	
2	4	5	2	1	3	2
1	5	3	1	2	4	2
4	2	1	3	4	5	1
3	3	2	4	5	1	2
3	1	4	5	3	2	3
	3	2	1	2	2	

SKYSCRAPER - 71 (Solution)

	4	2	2	1	2	
3	1	4	3	5	2	2
3	3	1	2	4	5	1
2	4	2	5	1	3	2
2	2	5	4	3	1	4
1	5	3	1	2	4	2
	1	2	3	4	2	

SKYSCRAPER - 72 (Solution)

	2	4	2	2	1	
3	3	1	2	4	5	1
3	1	2	5	3	4	2
1	5	3	4	1	2	3
2	4	5	3	2	1	4
3	2	4	1	5	3	2
	3	2	4	1	3	

SKYSCRAPER - 73 (Solution)
Very easy

	2	3	1	3	2	
2	3	2	5	1	4	2
1	5	4	1	3	2	4
2	4	5	3	2	1	4
3	2	1	4	5	3	2
4	1	3	2	4	5	1
	4	2	3	2	1	

SKYSCRAPER - 74 (Solution)
Very easy

	1	3	3	3	2	
1	5	1	3	2	4	2
3	3	4	2	1	5	1
2	1	5	4	3	2	4
2	4	2	1	5	3	2
3	2	3	5	4	1	3
	3	2	1	2	3	

SKYSCRAPER - 75 (Solution)

	1	3	5	2	3	
1	5	2	1	4	3	3
3	3	4	2	5	1	2
2	1	5	3	2	4	2
3	2	1	4	3	5	1
2	4	3	5	1	2	2
	2	2	1	3	2	

SKYSCRAPER - 76 (Solution)

	1	2	4	3	2	
1	5	4	1	2	3	3
4	2	1	3	4	5	1
2	3	5	4	1	2	3
3	1	3	2	5	4	2
2	4	2	5	3	1	3
	2	3	1	2	3	

SKYSCRAPER - 77 (Solution)

	1	2	3	2	2	
1	5	4	2	3	1	4
3	3	2	4	1	5	1
2	4	5	1	2	3	2
3	2	1	3	5	4	2
3	1	3	5	4	2	3
	4	2	1	2	3	

SKYSCRAPER - 78 (Solution)

	2	3	4	2	1	
2	4	3	2	1	5	1
3	2	4	1	5	3	2
1	5	1	3	2	4	2
2	1	5	4	3	2	4
2	3	2	5	4	1	3
	2	2	1	2	4	

SKYSCRAPER - 79 (Solution)

	2	5	2	3	1	
3	2	1	4	3	5	1
1	5	2	1	4	3	3
3	1	3	2	5	4	2
3	3	4	5	2	1	3
2	4	5	3	1	2	3
	2	1	2	3	3	

SKYSCRAPER - 80 (Solution)

	2	3	2	1	4	
2	4	1	3	5	2	2
1	5	4	2	1	3	3
3	1	3	5	2	4	2
2	2	5	4	3	1	4
3	3	2	1	4	5	1
	2	2	3	2	1	

SKYSCRAPER - 81 (Solution)

	1	2	3	2	2	
1	5	3	1	2	4	2
3	3	2	4	5	1	2
2	1	5	3	4	2	3
3	2	4	5	1	3	2
2	4	1	2	3	5	1
	2	3	2	3	1	

SKYSCRAPER - 82 (Solution)

	3	2	1	2	2	
2	2	1	5	4	3	3
2	4	5	3	2	1	4
3	3	4	1	5	2	2
4	1	2	4	3	5	1
1	5	3	2	1	4	2
	1	3	3	3	2	

SKYSCRAPER - 83 (Solution)

	2	2	3	3	1	
2	4	3	2	1	5	1
2	2	5	1	4	3	3
3	3	1	4	5	2	2
3	1	2	5	3	4	2
1	5	4	3	2	1	5
	1	2	2	3	3	

SKYSCRAPER - 84 (Solution)

	2	1	2	4	3	
2	3	5	4	1	2	3
1	5	1	2	3	4	2
2	4	3	5	2	1	3
5	1	2	3	4	5	1
3	2	4	1	5	3	2
	3	2	3	1	2	

SKYSCRAPER - 85 (Solution)

	1	3	3	3	2	
1	5	2	1	3	4	2
3	3	1	2	4	5	1
3	2	4	5	1	3	2
4	1	3	4	5	2	2
2	4	5	3	2	1	4
	2	1	3	2	4	

SKYSCRAPER - 86 (Solution)

	2	4	1	3	2	
2	4	1	5	2	3	2
3	3	2	1	4	5	1
3	1	4	3	5	2	2
2	2	5	4	3	1	4
1	5	3	2	1	4	2
	1	2	3	3	2	

SKYSCRAPER - 87 (Solution)

	1	3	4	2	2	
1	5	1	2	3	4	2
3	2	4	3	1	5	1
4	1	2	4	5	3	2
2	4	3	5	2	1	3
2	3	5	1	4	2	3
	3	1	2	2	3	

SKYSCRAPER - 88 (Solution)

	2	3	3	2	1	
5	1	2	3	4	5	1
1	5	4	1	3	2	4
4	2	3	4	5	1	2
2	3	1	5	2	4	2
2	4	5	2	1	3	2
	2	1	2	3	3	

SKYSCRAPER - 89 (Solution)

	1	2	2	3	4	
1	5	4	3	2	1	5
2	2	1	5	4	3	3
2	3	5	2	1	4	2
4	1	2	4	3	5	1
2	4	3	1	5	2	2
	2	2	3	1	2	

SKYSCRAPER - 90 (Solution)

	3	3	2	1	2	
2	3	2	1	5	4	2
3	2	4	5	1	3	2
4	1	3	4	2	5	1
2	4	5	2	3	1	3
1	5	1	3	4	2	3
	1	2	3	2	2	

MINES FINDER

Mines Finder puzzle is a fantastic and fun little logic puzzle. It is a kind of logic puzzle with one solution per puzzle, and you can reach that solution just using the logic that follows the following rules.

Rules: Your mission is to find out where all of the mines are by marking them in. There are numbers in some of the cells. Those numbers will tell you how many of the adjacent nine cells have mines in them - including diagonally adjacent cells.

Solutions: Solutions are at the end of the Mines Finder part in this book.

MINES FINDER - 1

1	2			3
2		6		
3		6		
	4			3
2		3	2	1

MINES FINDER - 2

2	3	4		
		5	3	4	3
		4	2	2
2			2	1

MINES FINDER - 3

	2		3	1
1	4		5	
	5			3
3				3
2				2

MINES FINDER - 4

2				3
	6			
2				3
1	3		4	2
	1	2		1

MINES FINDER - 5

2	3			2
		6		2
4			3	1
	6		3	
	4		2	

MINES FINDER - 6

3			3	1
				2
		7		3
4		5		2
2		3	1	1

MINES FINDER - 7

2		3	1	
3			3	1
3			5	
4				2
			3	1

MINES FINDER - 8

2		4	3	2
4				
		7		4
3	4			2
1		3	2	1

MINES FINDER - 9

	2			1
1	4		5	2
3			5	
				3
	4	4		2

MINES FINDER - 10

2			2	
3			4	2
4		7		
				3
2	4		3	1

MINES FINDER - 11

2		2	1	
4		4	2	1
			3	2
4		7		
2				3

MINES FINDER - 12

2	4		4	2
4		8		
2				3
1	2	3	2	1

MINES FINDER - 13

1	2	2	2	1
	4			3
3				
	5	5	5	
		2		2

MINES FINDER - 14

3			3	2
		6		
		5		3
2	4		4	2
		2		1

MINES FINDER - 15

1	2	4		2
3				3
				3
3	4	6		4
1		3		

MINES FINDER - 16

2		3	1	
2			3	1
3	6		6	
3		5		3

MINES FINDER - 17

2			2	
4			4	1
				2
3		6		4
1	1	3		

MINES FINDER - 18

1		3	3	
2	4			3
2				3
	4		5	
1	2	1	3	

MINES FINDER - 19

2	3	3	3	2
4	7			4
				2
3		4	2	1

MINES FINDER - 20

2	4			1
			5	2
3	6			2
2				3
2		5		2

MINES FINDER - 21

2	2	2	1	1
		5		2
				4
4				
2		4	3	2

MINES FINDER - 22

	2		5	
2	5			
				4
3				2
1	2	3	2	1

MINES FINDER - 23

2		3	1	1
3		5		2
	5			3
		5	4	
3			2	1

MINES FINDER - 24

1	2	3		3
	4			
	6			3
	5		4	2
2		2	2	

MINES FINDER - 25

1	2	4		3
2				
3				3
3			4	2
2		3	2	

MINES FINDER - 26

3				2
		6	5	
			4	
3		4		2
1	1	2	1	1

MINES FINDER - 27

2		5		3
3				
	6		7	
2			4	
1	2	2	2	1

MINES FINDER - 28

2	2	2		2
		4	3	
5			4	2
			4	
3			3	1

MINES FINDER - 29

2		4	2	1
3				2
	4		6	
1	3	4		
	1			3

MINES FINDER - 30

1	2	2	3	2
	3			
1	3			5
1	3	6		
1				3

MINES FINDER - 31

1	2	1	1	
	4		4	2
2				
2	4	7		
1				

MINES FINDER - 32

3		5		
3		6		3
2	3		2	1
1		2	1	

MINES FINDER - 33

2	3	4		2
				3
			4	
		4	3	1
2	3		1	

MINES FINDER - 34

1	3			3
1				
3	6			3
			3	1
	4	2	1	

MINES FINDER - 35

3				1
		5	3	2
4		4	2	
3		5		4
2		4		

MINES FINDER - 36

2	3	2	3	
			5	
3				3
1	4			3
	2			2

MINES FINDER - 37

1	3			2
2				2
	5	5	4	2
3			4	
	4			2

MINES FINDER - 38

1	1	2	3	
1		4		
2	3			
2		6		3
2			2	1

MINES FINDER - 39

3		4	2	1
				2
		7		4
3	4			
1		3	3	2

MINES FINDER - 40

	1			2
1	3	5		4
	4			
		5		3
	4		2	1

MINES FINDER - 41

1	1	2	2	
2		5		4
3				
2				
1	3		4	2

MINES FINDER - 42

2	3	4		3
4		7		
3		4		3
	2	2	1	1

MINES FINDER - 43

1	3			3
2				
3		7	6	4
2				
1	3		4	2

MINES FINDER - 44

1	3			2
2			6	
3		6		
2			5	
1	2	2	3	

MINES FINDER - 45

2		3	2	1
	5			2
	7			3
			4	
	4	2	2	1

MINES FINDER - 46

1	2		4	
2		6		
3				3
3		6	4	2
	3			1

MINES FINDER - 47

1			3	
3	4	5		4
		6		
3				3
1	3		3	1

MINES FINDER - 48

2		2	3	
	6		4	
			4	2
3		6		2
1	2			2

MINES FINDER - 49

1	2	3	3	
3				2
		6	3	1
3			4	2
1	3			

MINES FINDER - 50

2	3	3	3	2
3				5
2	4			
1		3	3	2

MINES FINDER - 51

2	3	4		2
				3
	6		6	
	4	3		
1	2		3	2

MINES FINDER - 52

	1	1	2	1
2	4		5	
2	5			
	2			3

MINES FINDER - 53

3			3	1
				2
4			4	
4		4	2	1
		2		

MINES FINDER - 54

2		5		3
4				
			6	5	4
3		4		
1	1	3		3

MINES FINDER - 55

1	3		4	2
3				
			4	2
		4	2	
2	3		1	

MINES FINDER - 56

3		3	1	1
			5		3
		6		
3		5		
1	1	3		3

MINES FINDER - 57

	2			3
1	4			
3				4
				2
2	3	3	2	1

MINES FINDER - 58

3				1
		7	4	2
4				2
2				3
1	2	3	3	

MINES FINDER - 59

2				2
2				3
2	5			3
	3			3
1	2	2	3	

MINES FINDER - 60

1	3		2	
1			2	
3	5	5	4	2
3				3

MINES FINDER - 61

	1				1
1	2	3	4	4	3
2		2	2		
3		3	4		4
	3	3			2
1	2		3	2	1

MINES FINDER - 62

2	3	3	3	3	2
4	5	5	4	5	3
		2		3	
3	3	3	2		2
1		1	1	1	1

MINES FINDER - 63

1	2		2	2	1
2		4		3	
	4		3	4	
2		4		2	1
2	4		3	1	
1			2		

MINES FINDER - 64

1	3			3	1
	4			3	
2	5		5	3	1
1				1	
1	3	4	4	2	1
	1		2		1

MINES FINDER - 65

1		3		3	1
2	3	5			2
1			7		3
2	4				2
	2	3	4	3	1
1	1	1		1	

MINES FINDER - 66

1	2		4		2
	5	4			2
			3	2	1
3		3	2	1	1
2	2	2			1
	1	1		2	1

MINES FINDER - 67

	2		3	1	1
1	3		3		1
2		3	4	3	3
	4		2		
3		5	4	3	2
2				1	

MINES FINDER - 68

		1	1	1	
1	2	4		3	1
2					2
2			8		3
1	4				2
	2		4	2	1

MINES FINDER - 69

1	2	2	3		3
2			3		
2		4	4	5	
1	2	3			3
	1		4		2
	1	1	2	1	1

MINES FINDER - 70

1	2		1		
2		4	2	1	1
2			3	2	
3	5		3		2
		4	4	3	2
3		3			1

MINES FINDER - 71

	1	1	1	1	1
1	2		1	1	
3		4	3	3	3
			4		
	5		5		4
1	2	1	3		2

MINES FINDER - 72

1	2	2	2	1	1
3			3		2
		4	5		4
3	5		5		
1				3	2
1	2	3	2	1	

MINES FINDER - 73

1	2		3	2	1
2		3			2
	3	3	3		3
2		2	3	3	
2	3		3		2
1		3		2	1

MINES FINDER - 74

1	2	2	2	2	1
	3			4	
3		4			3
	5	4	3	3	
			1	1	1
2	3	2	1		

MINES FINDER - 75

2			4		2
3		5			2
3		4	3	3	2
2		2	2		2
1	2	2	4		3
	1		3		2

MINES FINDER - 76

	1	2	2	1	
	2			2	1
2	5		6		2
			5		3
3	4	3	4		4
1		1	2		

MINES FINDER - 77

1	2		2	1	
2		6		3	1
3				4	
2		7		4	1
2	3			2	
1		3	2	1	

MINES FINDER - 78

1		4		2	
2	4			3	
	3			4	1
1	2	3			2
			1	4	4
			2		

MINES FINDER - 79

2			1		
2		4	2	1	
2	3	4		3	1
	4				2
		3	4	4	
2	2	1	1		2

MINES FINDER - 80

1		2	1	2	
2	2	3		3	1
	3	3		4	2
	4		4		
1	3		3	3	3
	1	1	1	1	

MINES FINDER - 81

1	1	1	1	2	2
1		2	3		
1	1	2			4
2	3	4	6		3
					2
3		4	3	2	1

MINES FINDER - 82

1	2	2		1	
	4		4	2	
2				3	1
2	5				1
1			5	3	2
1	2	2	2		1

MINES FINDER - 83

1	2	1	1		
	5		3	1	1
			4		1
			4	1	1
4			2		
2		3	1		

MINES FINDER - 84

	1	2	2	1	
1	2			3	2
	3	4	5		
2		3			
1	2	4			3
	1		3	2	1

MINES FINDER - 85

	2				2
1	4		7		3
2			4		2
3		5	4	2	2
2			2		1
1	2	2	2	1	1

MINES FINDER - 86

2		3	2	2	1
2		5			1
2	4			4	1
	4			2	
2		4	3	1	
1	2		1		

MINES FINDER - 87

1	1	2	2	2	1
3		3			2
		4	4		3
4	4	4		4	
		3		4	2
2	2	2	1	2	

MINES FINDER - 88

		2			2
1	2	3		5	
		4		5	5
		4			2
1	2	3		3	1
		1	1	1	

MINES FINDER - 89

	1	2	3	2	1
1	3				1
1			6	3	1
2	5			2	1
2			4		2
2		3	2	2	

MINES FINDER - 90

2	3			2	1
		5	5		2
	6			4	
2			4		2
1	2	2	2	1	1

MINES FINDER - 1

1	2	●	●	3
2	●	6	●	●
3	●	6	●	●
●	4	●	●	3
2	●	3	2	1

MINES FINDER - 2

2	3	4	●	●
●	●	●	●	●
●	5	3	4	3
●	4	2	2	●
2	●	●	2	1

MINES FINDER - 3

	2	●	3	1
1	4	●	5	●
●	5	●	●	3
3	●	●	●	3
2	●	●	●	2

MINES FINDER - 4

2	●	●	●	3
●	6	●	●	●
2	●	●	●	3
1	3	●	4	2
	1	2	●	1

MINES FINDER - 5

2	3	●	●	2
●	●	6	●	2
4	●	●	3	1
●	6	●	3	
●	4	●	2	

MINES FINDER - 6

3	●	●	3	1
●	●	●	●	2
●	●	7	●	3
4	●	5	●	2
2	●	3	1	1

MINES FINDER - 7

2	●	3	1	
3	●	●	3	1
3	●	●	5	●
4	●	●	●	2
●	●	●	3	1

MINES FINDER - 8

2	●	4	3	2
4	●	●	●	●
●	●	7	●	4
3	4	●	●	2
1	●	3	2	1

MINES FINDER - 9

	2	●	●	1
1	4	●	5	2
3	●	●	5	●
●	●	●	●	3
●	4	4	●	2

MINES FINDER - 10

2	●	●	2	
3	●	●	4	2
4	●	7	●	●
●	●	●	●	3
2	4	●	3	1

MINES FINDER - 11

2	●	2	1	●
4	●	4	2	1
●	●	●	3	2
4	●	7	●	●
2	●	●	●	3

MINES FINDER - 12

2	4	●	4	2
●	●	●	●	●
4	●	8	●	●
2	●	●	●	3
1	2	3	2	1

MINES FINDER - 13

1	2	2	2	1
●	4	●	●	3
3	●	●	●	●
●	5	5	5	●
●	●	2	●	2

MINES FINDER - 14

3	●	●	3	2
●	●	6	●	●
●	●	5	●	3
2	4	●	4	2
	2	●	●	1

MINES FINDER - 15

1	2	4	●	2
3	●	●	●	3
●	●	●	●	3
3	4	6	●	4
1	●	3	●	●

MINES FINDER - 16

2	●	3	1	
2	●	●	3	1
3	6	●	6	●
●	●	●	●	●
3	●	5	●	3

MINES FINDER - 17

2	●	●	2	
4	●	●	4	1
●	●	●	●	2
3	●	6	●	4
1	1	3	●	●

MINES FINDER - 18

1	●	3	3	●
2	4	●	●	3
2	●	●	●	3
●	4	●	5	●
1	2	1	3	●

MINES FINDER - 19

2	3	3	3	2
●	●	●	●	●
4	7	●	●	4
●	●	●	●	2
3	●	4	2	1

MINES FINDER - 20

2	4	●	●	1
●	●	●	5	2
3	6	●	●	2
2	●	●	●	3
2	●	5	●	2

MINES FINDER - 21

2	2	2	1	1
●	●	5	●	2
●	●	●	●	4
4	●	●	●	●
2	●	4	3	2

MINES FINDER - 22

	2	●	5	●
2	5	●	●	●
●	●	●	●	4
3	●	●	●	2
1	2	3	2	1

MINES FINDER - 23

2	●	3	1	1
3	●	5	●	2
●	5	●	●	3
●	●	5	4	●
3	●	●	2	1

MINES FINDER - 24

1	2	3	●	3
●	4	●	●	●
●	6	●	●	3
●	5	●	4	2
2	●	2	2	●

MINES FINDER - 25

1	2	4	●	3
2	●	●	●	●
3	●	●	●	3
3	●	●	4	2
2	●	3	2	●

MINES FINDER - 26

3	●	●	●	2
●	●	6	5	●
●	●	●	4	●
3	●	4	●	2
1	1	2	1	1

MINES FINDER - 27

2	●	5	●	3
3	●	●	●	●
●	6	●	7	●
2	●	●	4	●
1	2	2	2	1

MINES FINDER - 28

2	2	2	●	2
●	●	4	3	●
5	●	●	4	2
●	●	●	4	●
3	●	●	3	1

MINES FINDER - 29

2	●	4	2	1
3	●	●	●	2
●	4	●	6	●
1	3	4	●	●
	1	●	●	3

MINES FINDER - 30

1	2	2	3	2
●	3	●	●	●
1	3	●	●	5
1	3	6	●	●
1	●	●	●	3

MINES FINDER - 31

1	2	1	1	
●	4	●	4	2
2	●	●	●	●
2	4	7	●	●
1	●	●	●	●

MINES FINDER - 32

3	●	5	●	●
●	●	●	●	●
3	●	6	●	3
2	3	●	2	1
1	●	2	1	

MINES FINDER - 33

2	3	4	●	2
●	●	●	●	3
●	●	●	4	●
●	●	4	3	1
2	3	●	1	

MINES FINDER - 34

1	3	●	●	3
1	●	●	●	●
3	6	●	●	3
●	●	●	3	1
●	4	2	1	

MINES FINDER - 35

3	●	●	●	1
●	●	5	3	2
4	●	4	2	●
3	●	5	●	4
2	●	4	●	●

MINES FINDER - 36

2	3	2	3	●
●	●	●	5	●
3	●	●	●	3
1	4	●	●	3
	2	●	●	2

MINES FINDER - 37

1	3	●	●	2
2	●	●	●	2
●	5	5	4	2
3	●	●	4	●
●	4	●	●	2

MINES FINDER - 38

1	1	2	3	●
1	●	4	●	●
2	3	●	●	●
2	●	6	●	3
2	●	●	2	1

MINES FINDER - 39

3	●	4	2	1
●	●	●	●	2
●	●	7	●	4
3	4	●	●	●
1	●	3	3	2

MINES FINDER - 40

	1	●	●	2
1	3	5	●	4
●	4	●	●	●
●	●	5	●	3
●	4	●	2	1

MINES FINDER - 41

1	1	2	2	●
2	●	5	●	4
3	●	●	●	●
2	●	●	●	●
1	3	●	4	2

MINES FINDER - 42

2	3	4	●	3
●	●	●	●	●
4	●	7	●	●
3	●	4	●	3
●	2	2	1	1

MINES FINDER - 43

1	3	●	●	3
2	●	●	●	●
3	●	7	6	4
2	●	●	●	●
1	3	●	4	2

MINES FINDER - 44

1	3	●	●	2
2	●	●	6	●
3	●	6	●	●
2	●	●	5	●
1	2	2	3	●

MINES FINDER - 45

2	●	3	2	1
●	5	●	●	2
●	7	●	●	3
●	●	●	4	●
●	4	2	2	1

MINES FINDER - 46

1	2	●	4	●
2	●	6	●	●
3	●	●	●	3
3	●	6	4	2
●	3	●	●	1

MINES FINDER - 47

1	●	●	3	●
3	4	5	●	4
●	●	6	●	●
3	●	●	●	3
1	3	●	3	1

MINES FINDER - 48

2	●	2	3	●
●	6	●	4	●
●	●	●	4	2
3	●	6	●	2
1	2	●	●	2

MINES FINDER - 49

1	2	3	3	●
3	●	●	●	2
●	●	6	3	1
3	●	●	4	2
1	3	●	●	●

MINES FINDER - 50

2	3	3	3	2
●	●	●	●	●
3	●	●	●	5
2	4	●	●	●
1	●	3	3	2

MINES FINDER - 51

2	3	4	●	2
●	●	●	●	3
●	6	●	6	●
●	4	3	●	●
1	2	●	3	2

MINES FINDER - 52

	1	1	2	1
2	4	●	5	●
●	●	●	●	●
2	5	●	●	●
	2	●	●	3

MINES FINDER - 53

3	●	●	3	1
●	●	●	●	2
4	●	●	4	●
4	●	4	2	1
●	●	2		

MINES FINDER - 54

2	●	5	●	3
4	●	●	●	●
●	●	6	5	4
3	●	4	●	●
1	1	3	●	3

MINES FINDER - 55

1	3	●	4	2
3	●	●	●	●
●	●	●	4	2
●	●	4	2	
2	3	●	1	

MINES FINDER - 56

3	●	3	1	1
●	●	5	●	3
●	●	6	●	●
3	●	5	●	●
1	1	3	●	3

MINES FINDER - 57

	2	●	●	3
1	4	●	●	●
3	●	●	●	4
●	●	●	●	2
2	3	3	2	1

MINES FINDER - 58

3	●	●	●	1
●	●	7	4	2
4	●	●	●	2
2	●	●	●	3
1	2	3	3	●

MINES FINDER - 59

2	●	●	●	2
2	●	●	●	3
2	5	●	●	3
●	3	●	●	3
1	2	2	3	●

MINES FINDER - 60

1	3	●	2	
1	●	●	2	
3	5	5	4	2
●	●	●	●	●
3	●	●	●	3

MINES FINDER - 61

	1	●	●	●	1
1	2	3	4	4	3
2	●	2	2	●	●
3	●	3	4	●	4
●	3	3	●	●	2
1	2	●	3	2	1

MINES FINDER - 62

2	3	3	3	3	2
●	●	●	●	●	●
4	5	5	4	5	3
●	●	2	●	3	●
3	3	3	2	●	2
1	●	1	1	1	1

MINES FINDER - 63

1	2	●	2	2	1
2	●	4	●	3	●
●	4	●	3	4	●
2	●	4	●	2	1
2	4	●	3	1	
1	●	●	2		

MINES FINDER - 64

1	3	●	●	3	1
●	4	●	●	3	●
2	5	●	5	3	1
1	●	●	●	1	
1	3	4	4	2	1
	1	●	2	●	1

MINES FINDER - 65

1	●	3	●	3	1
2	3	5	●	●	2
1	●	●	7	●	3
2	4	●	●	●	2
●	2	3	4	3	1
1	1	1	●	1	

MINES FINDER - 66

1	2	●	4	●	2
●	5	4	●	●	2
●	●	●	3	2	1
3	●	3	2	1	1
2	2	2	2	●	1
●	1	1	●	2	1

MINES FINDER - 67

	2	●	3	1	1
1	3	●	3	●	1
2	●	3	4	3	3
●	4	●	2	●	●
3	●	5	4	3	2
2	●	●	●	1	

MINES FINDER - 68

			1	1	1	
1	2	4	●	3	1
2	●	●	●	●	2
2	●	●	8	●	3
1	4	●	●	●	2
	2	●	4	2	1

MINES FINDER - 69

1	2	2	3	●	3
2	●	●	3	●	●
2	●	4	4	5	●
1	2	3	●	●	3
	1	●	4	●	2
	1	1	2	1	1

MINES FINDER - 70

1	2	●	1		
2	●	4	2	1	1
2	●	●	3	2	●
3	5	●	3	●	2
●	●	4	4	3	2
3	●	3	●	●	1

MINES FINDER - 71

	1	1	1	1	1
1	2	●	1	1	●
3	●	4	3	3	3
●	●	●	4	●	●
●	5	●	5	●	4
1	2	1	3	●	2

MINES FINDER - 72

1	2	2	2	1	1
3	●	●	3	●	2
●	●	4	5	●	4
3	5	●	5	●	●
1	●	●	●	3	2
1	2	3	2	1	

MINES FINDER - 73

1	2	●	3	2	1
2	●	3	●	●	2
●	3	3	3	●	3
2	●	2	3	3	●
2	3	●	3	●	2
1	●	3	●	2	1

MINES FINDER - 74

1	2	2	2	2	1
●	3	●	●	4	●
3	●	4	●	●	3
●	5	4	3	3	●
●	●	●	1	1	1
2	3	2	1		

MINES FINDER - 75

2	●	●	4	●	2
3	●	5	●	●	2
3	●	4	3	3	2
2	●	2	2	●	2
1	2	2	4	●	3
	1	●	3	●	2

MINES FINDER - 76

	1	2	2	1	
	2	●	●	2	1
2	5	●	6	●	2
●	●	●	5	●	3
3	4	3	4	●	4
1	●	1	2	●	●

MINES FINDER - 77

1	2	●	2	1	
2	●	6	●	3	1
3	●	●	●	4	●
2	●	7	●	4	1
2	3	●	●	2	
1	●	3	2	1	

MINES FINDER - 78

1	●	4	●	2	
2	4	●	●	3	
●	3	●	●	4	1
1	2	3	●	●	2
		1	4	●	4
		2	●	●	

MINES FINDER - 79

2	●	●	1		
2	●	4	2	1	
2	3	4	●	3	1
●	4	●	●	●	2
●	●	3	4	4	●
2	2	1	1	●	2

MINES FINDER - 80

1	●	2	1	2	●
2	2	3	●	3	1
●	3	3	●	4	2
●	4	●	4	●	●
1	3	●	3	3	3
	1	1	1	1	●

MINES FINDER - 81

1	1	1	1	2	2
1	●	2	3	●	●
1	1	2	●	●	4
2	3	4	6	●	3
●	●	●	●	●	2
3	●	4	3	2	1

MINES FINDER - 82

1	2	2	●	1	
●	4	●	4	2	
2	●	●	●	3	1
2	5	●	●	●	1
1	●	●	5	3	2
1	2	2	2	●	1

MINES FINDER - 83

1	2	1	1		
●	5	●	3	1	1
●	●	●	4	●	1
●	●	●	4	1	1
4	●	●	2		
2	●	3	1		

MINES FINDER - 84

	1	2	2	1	
1	2	●	●	3	2
●	3	4	5	●	●
2	●	3	●	●	●
1	2	4	●	●	3
	1	●	3	2	1

MINES FINDER - 85

	2	●	●	●	2
1	4	●	7	●	3
2	●	●	4	●	2
3	●	5	4	2	2
2	●	●	2	●	1
1	2	2	2	1	1

MINES FINDER - 86

2	●	3	2	2	1
2	●	5	●	●	1
2	4	●	●	4	1
●	4	●	●	2	
2	●	4	3	1	
1	2	●	1		

MINES FINDER - 87

1	1	2	2	2	1
3	●	3	●	●	2
●	●	4	4	●	3
4	4	4	●	4	●
●	●	3	●	4	2
2	2	2	1	2	●

MINES FINDER - 88

		2	●	●	2
1	2	3	●	5	●
●	4	●	5	5	●
●	4	●	●	●	2
1	2	3	●	3	1
		1	1	1	

MINES FINDER - 89

	1	2	3	2	1
1	3	●	●	●	1
1	●	●	6	3	1
2	5	●	●	2	1
2	●	●	4	●	2
2	●	3	2	2	●

MINES FINDER - 90

2	3	●	●	2	1
●	●	5	5	●	2
●	6	●	●	4	●
2	●	●	4	●	2
1	2	2	2	1	1

WARSHIPS

Warships is another kind of logic game. You just need to follow the rules to reach the solution.

Rules: You need to locate the hidden ships of different sizes. There are numbers alongside columns and rows. Numbers show how many ship parts are in that row or column. Ships can never be surrounded directly by another ship, also not diagonally.

Below warships puzzles show the help with 3 ship parts per puzzle.

Solutions: Solutions are at the end of the Warships part in this book.

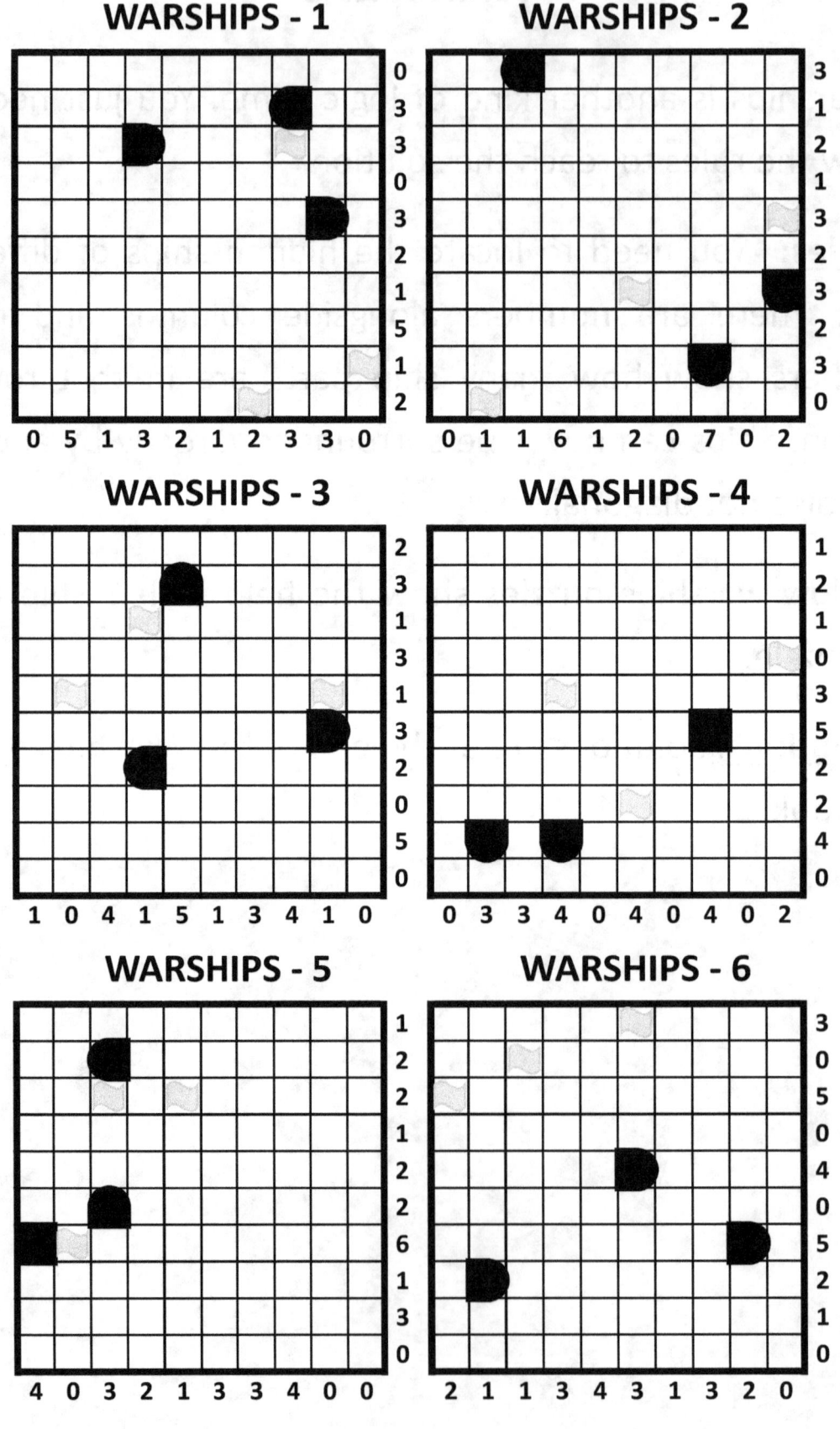

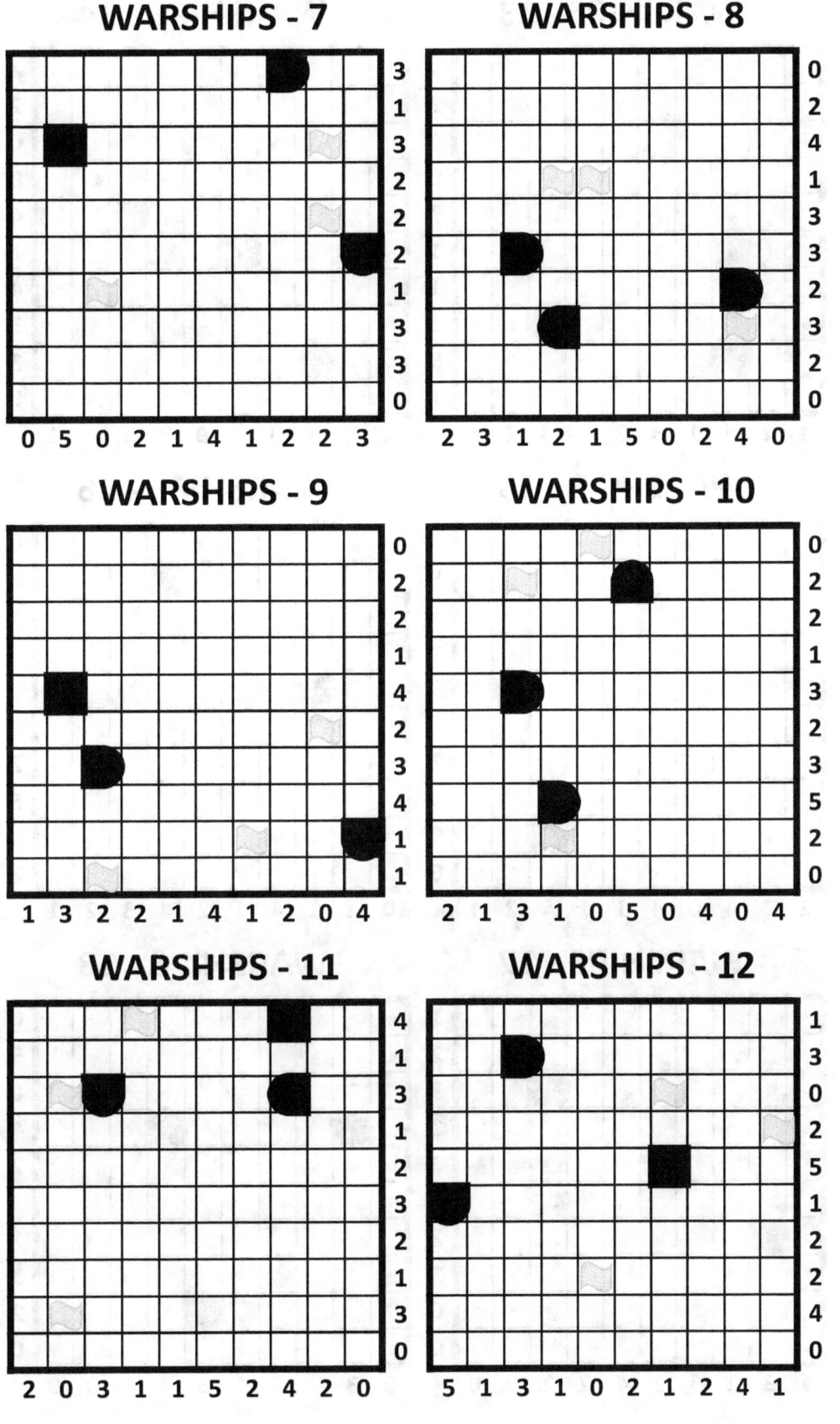

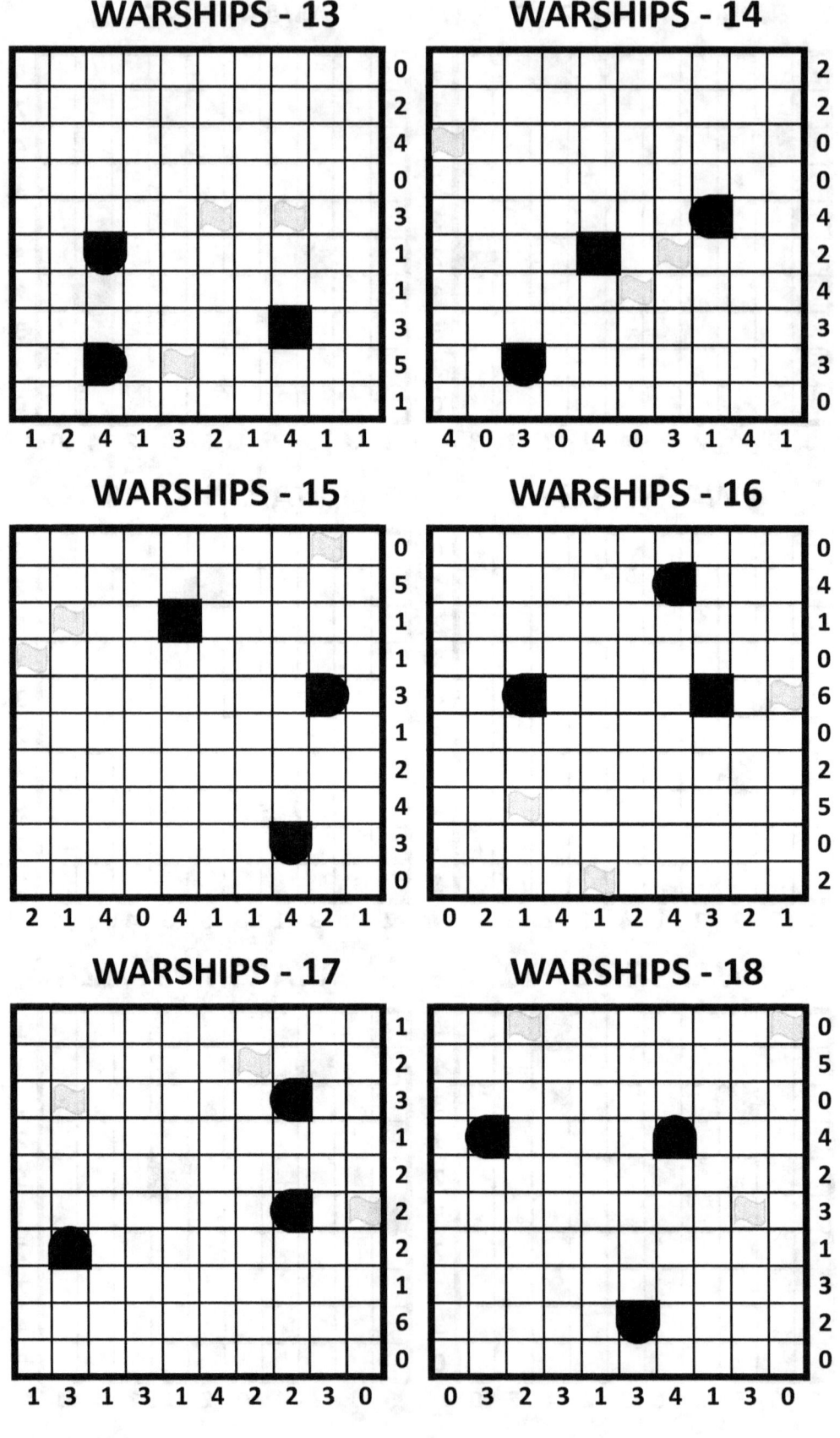

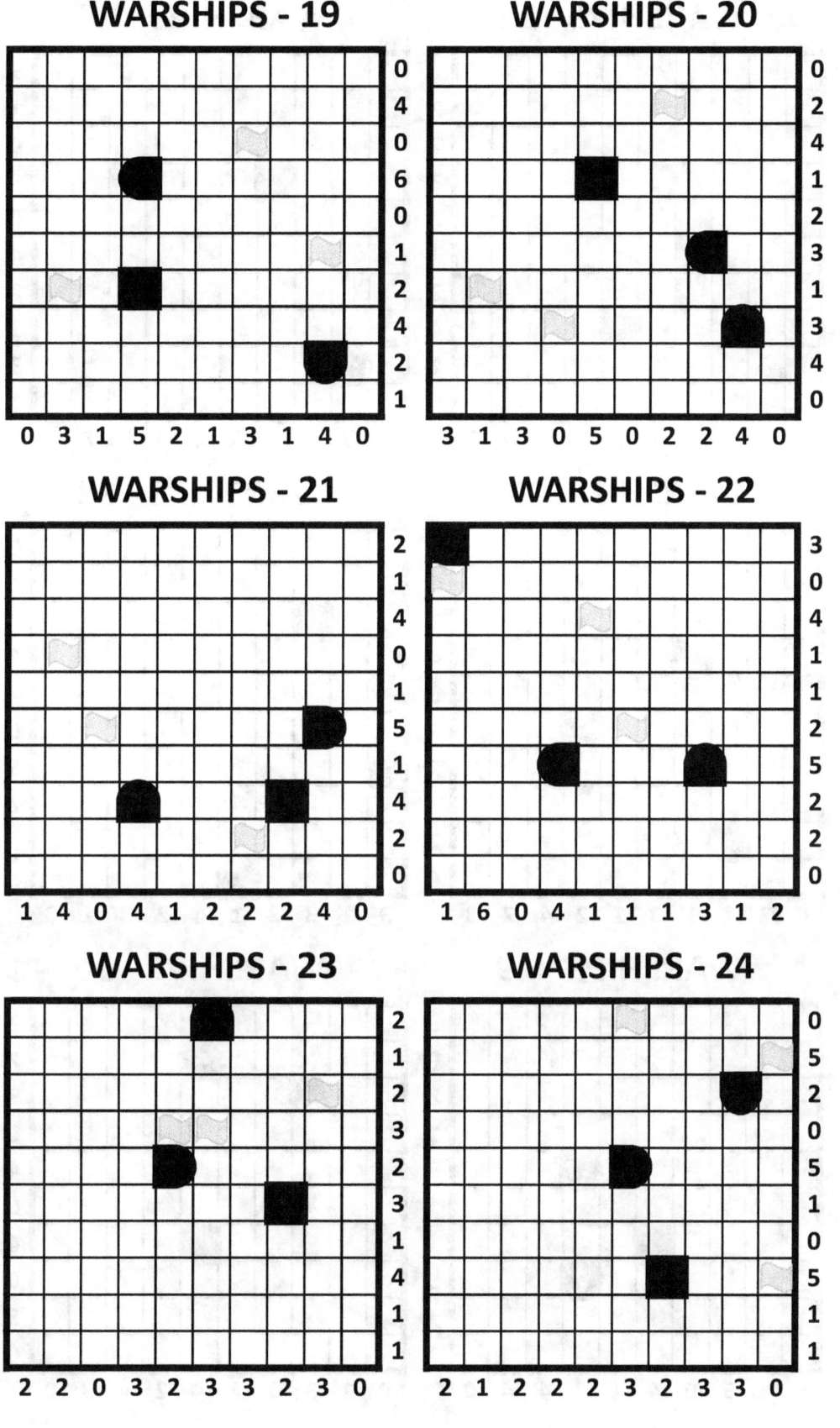

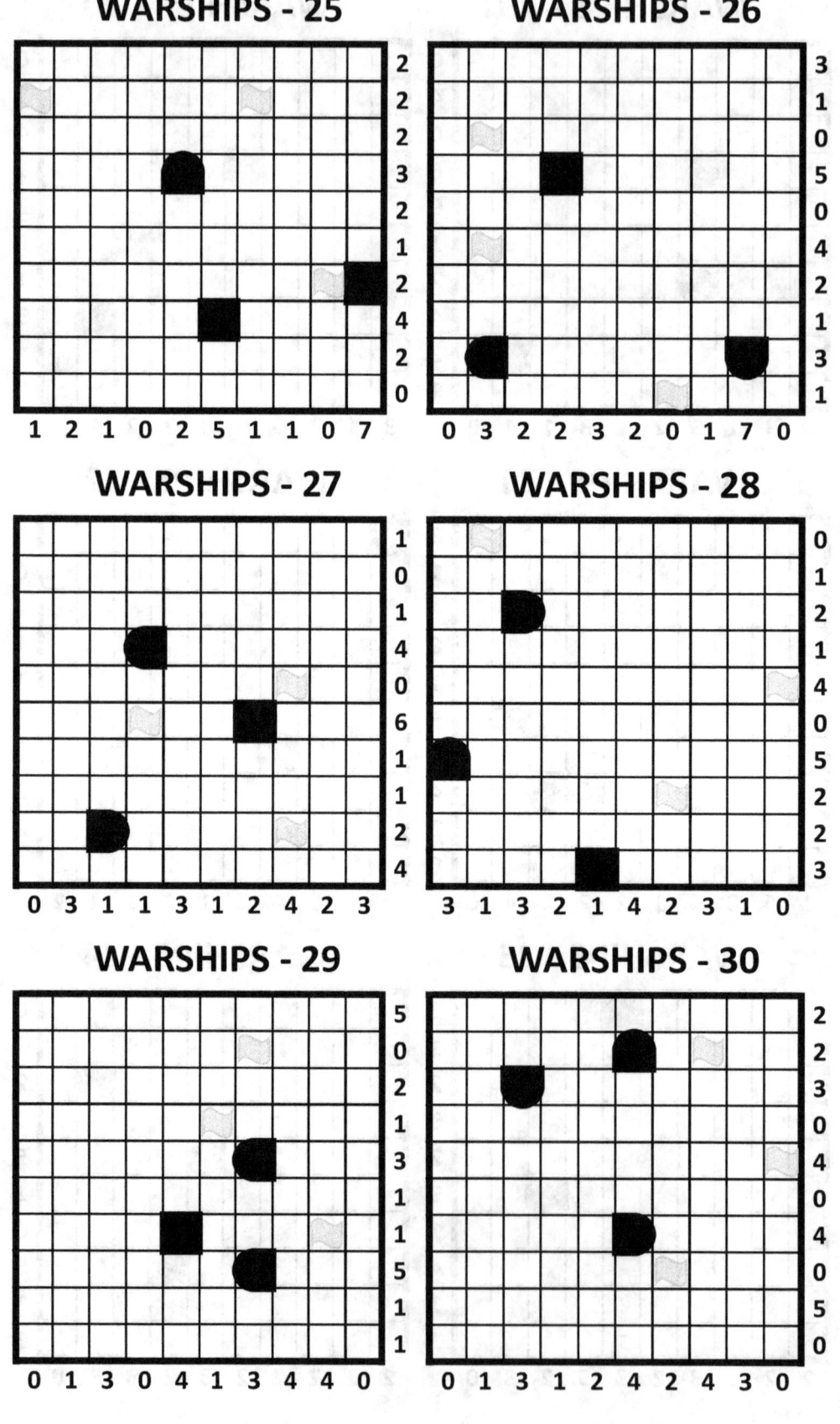

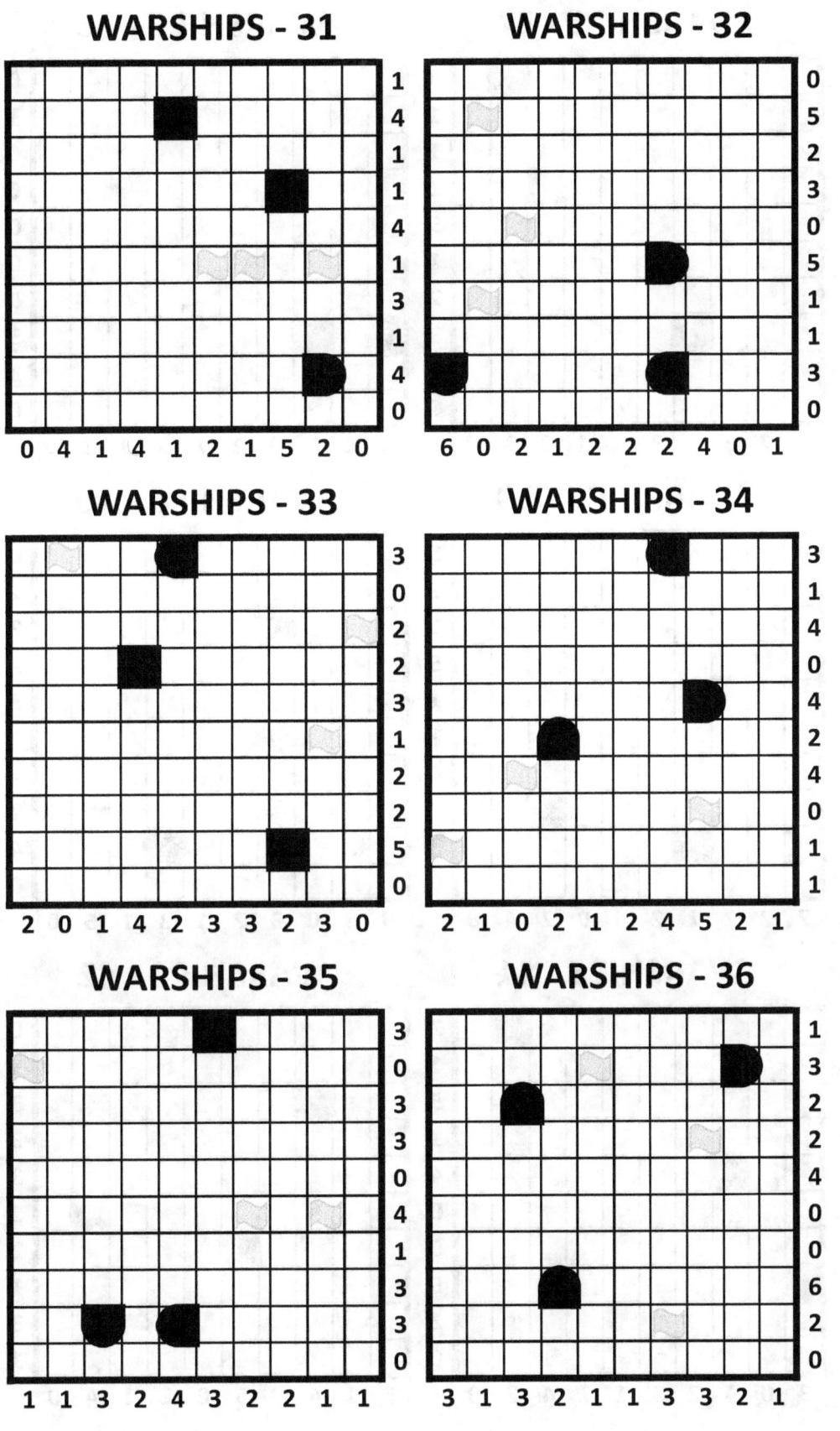

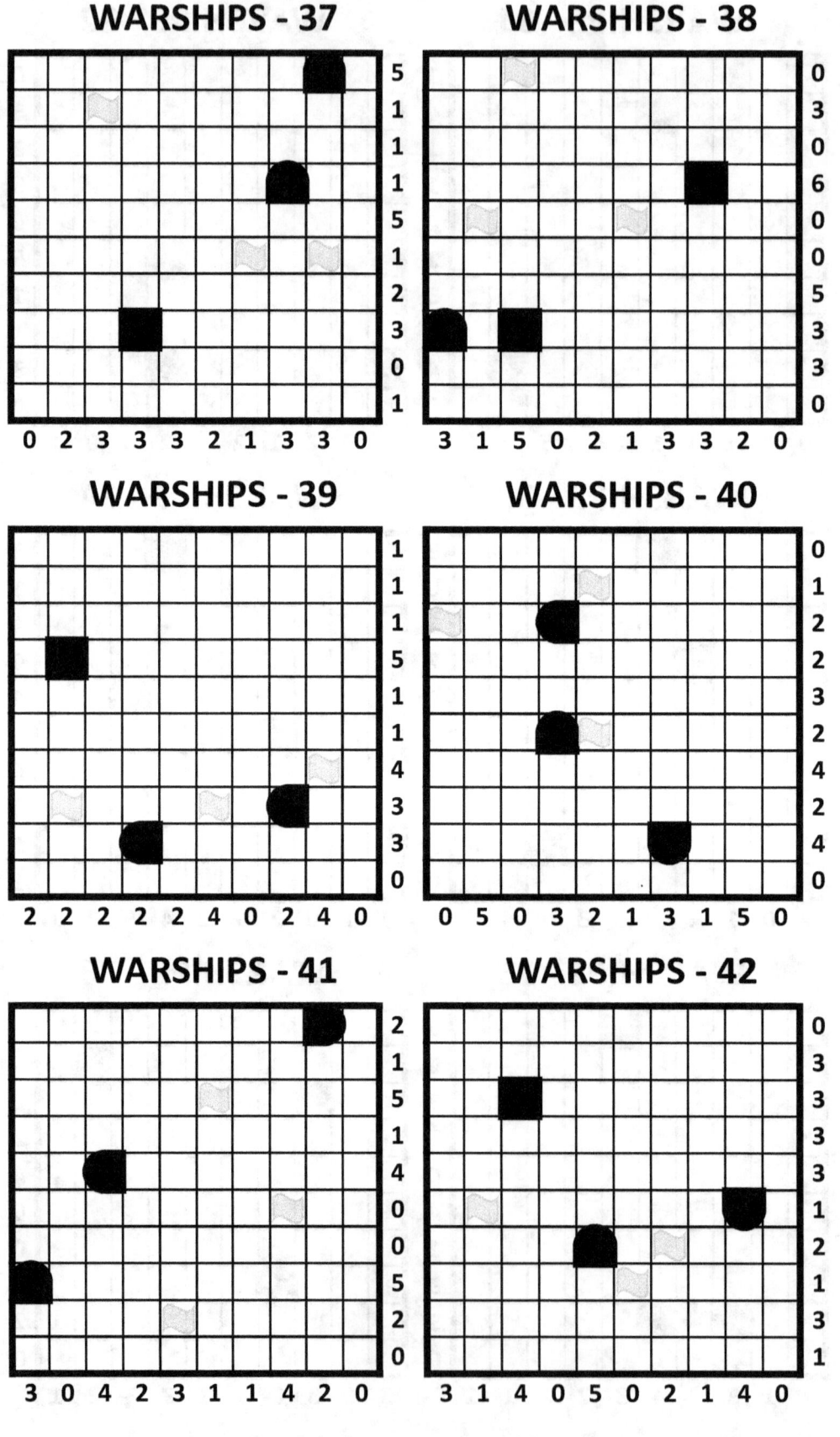

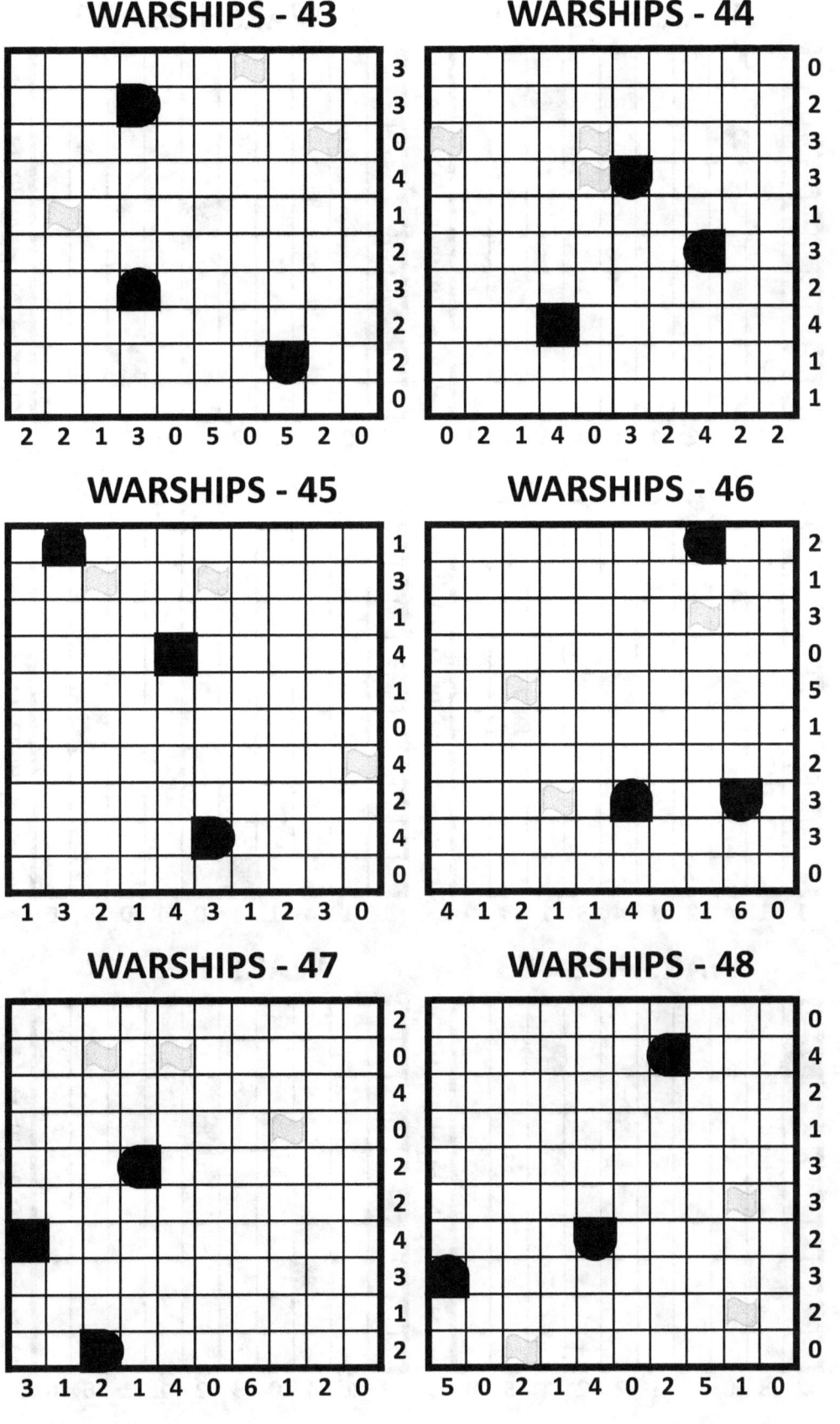

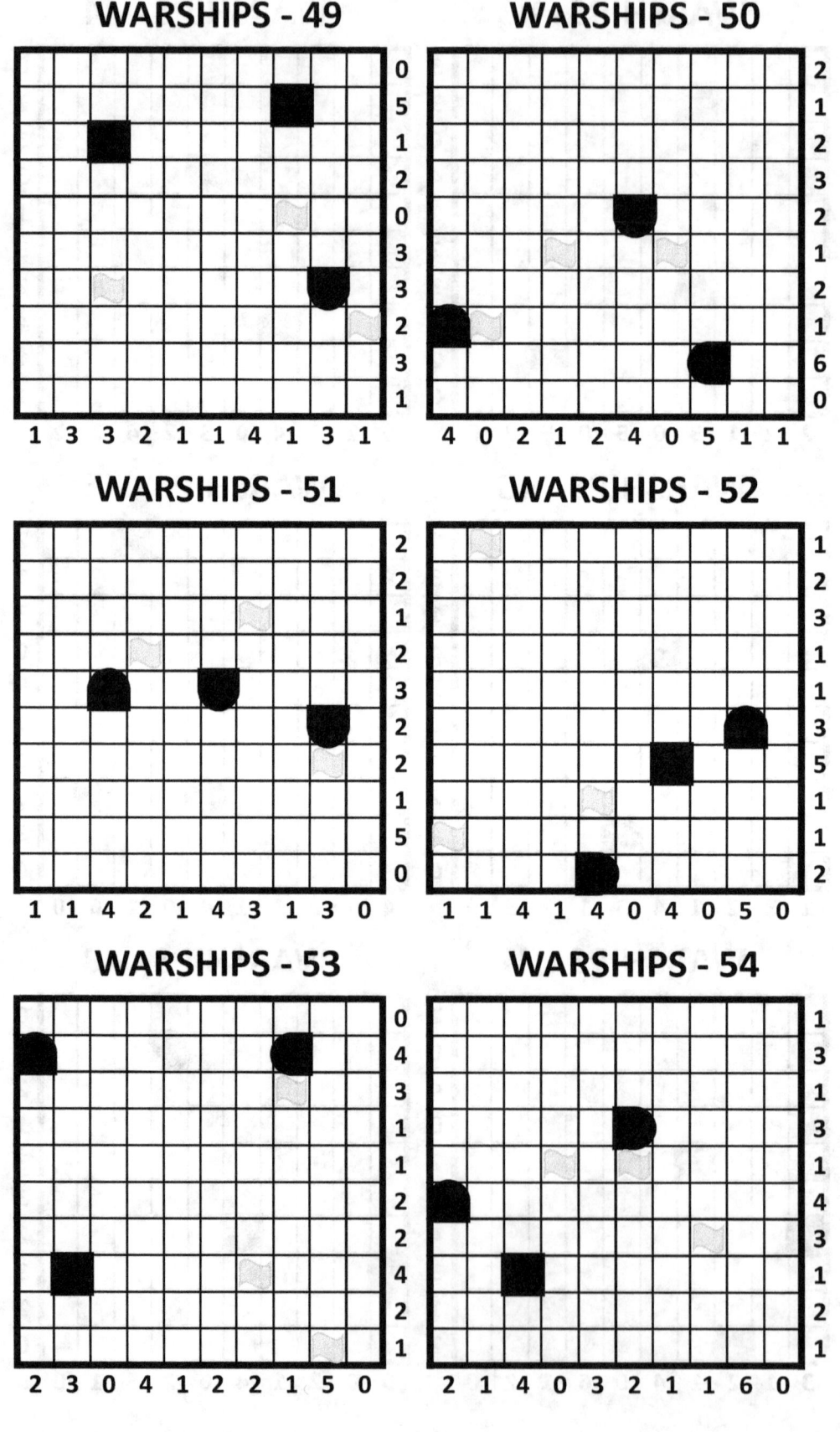

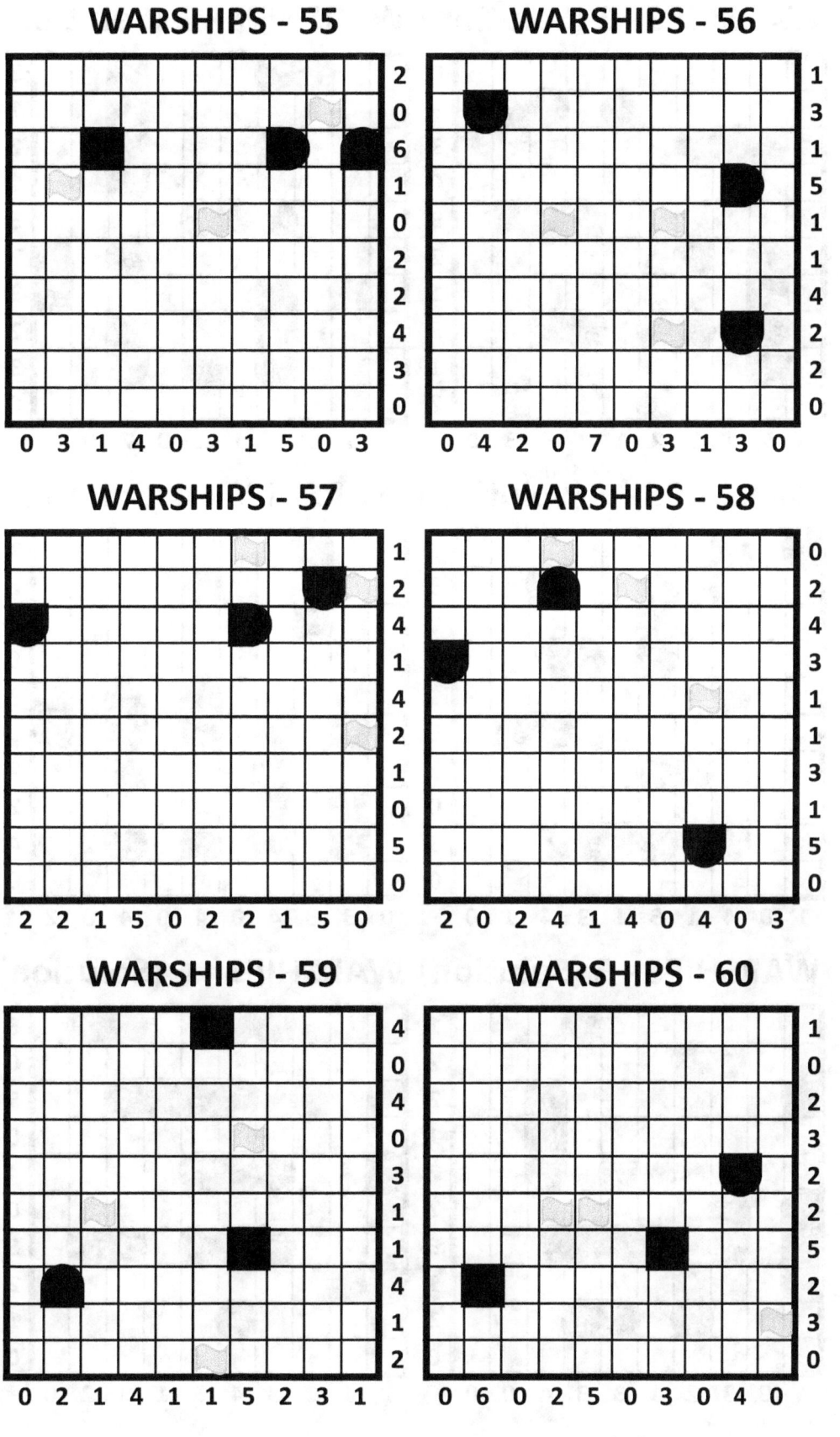

WARSHIPS - 1 (Solution) WARSHIPS - 2 (Solution)

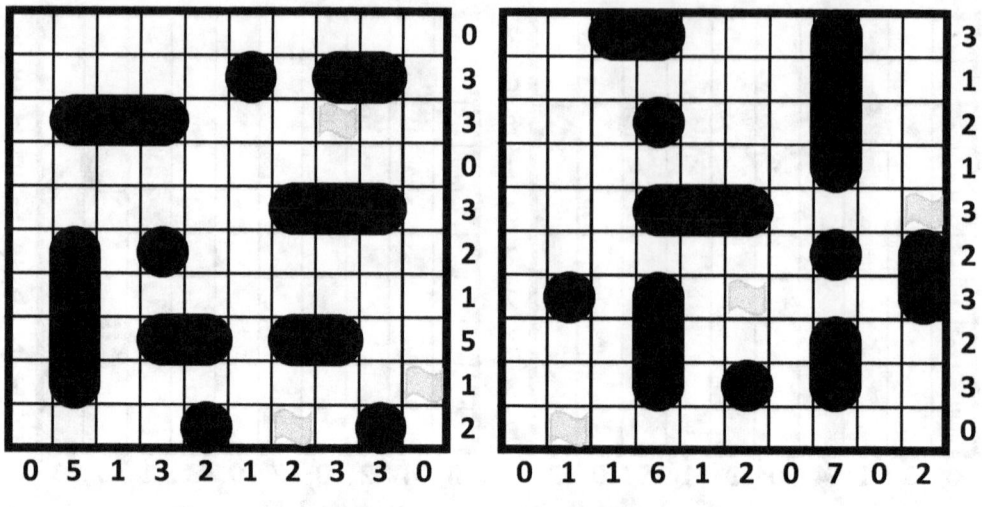

WARSHIPS - 3 (Solution) WARSHIPS - 4 (Solution)

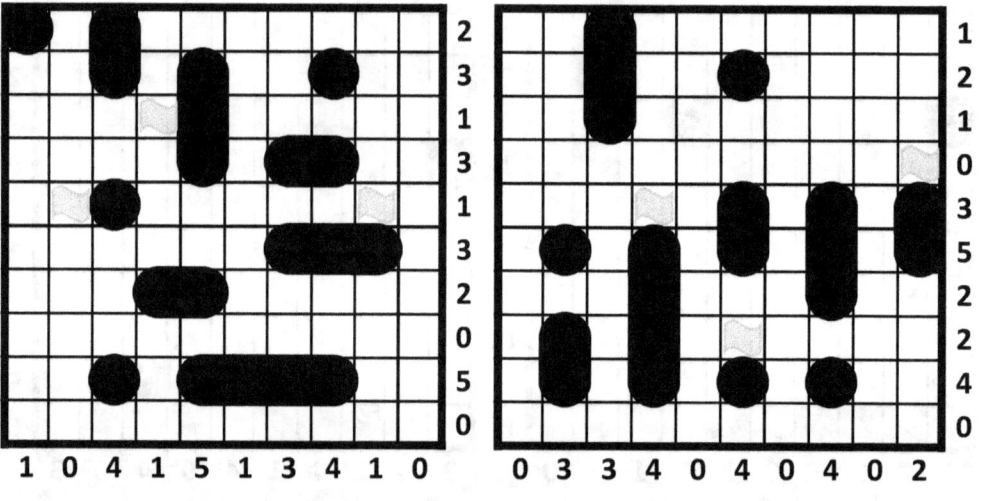

WARSHIPS - 5 (Solution) WARSHIPS - 6 (Solution)

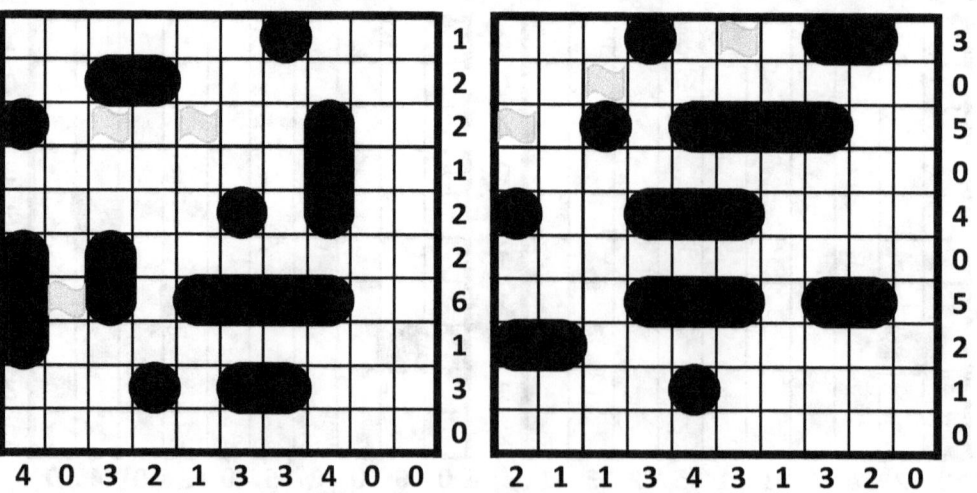

WARSHIPS - 7 (Solution)

WARSHIPS - 8 (Solution)

WARSHIPS - 9 (Solution)

WARSHIPS - 10

WARSHIPS - 11

WARSHIPS - 12

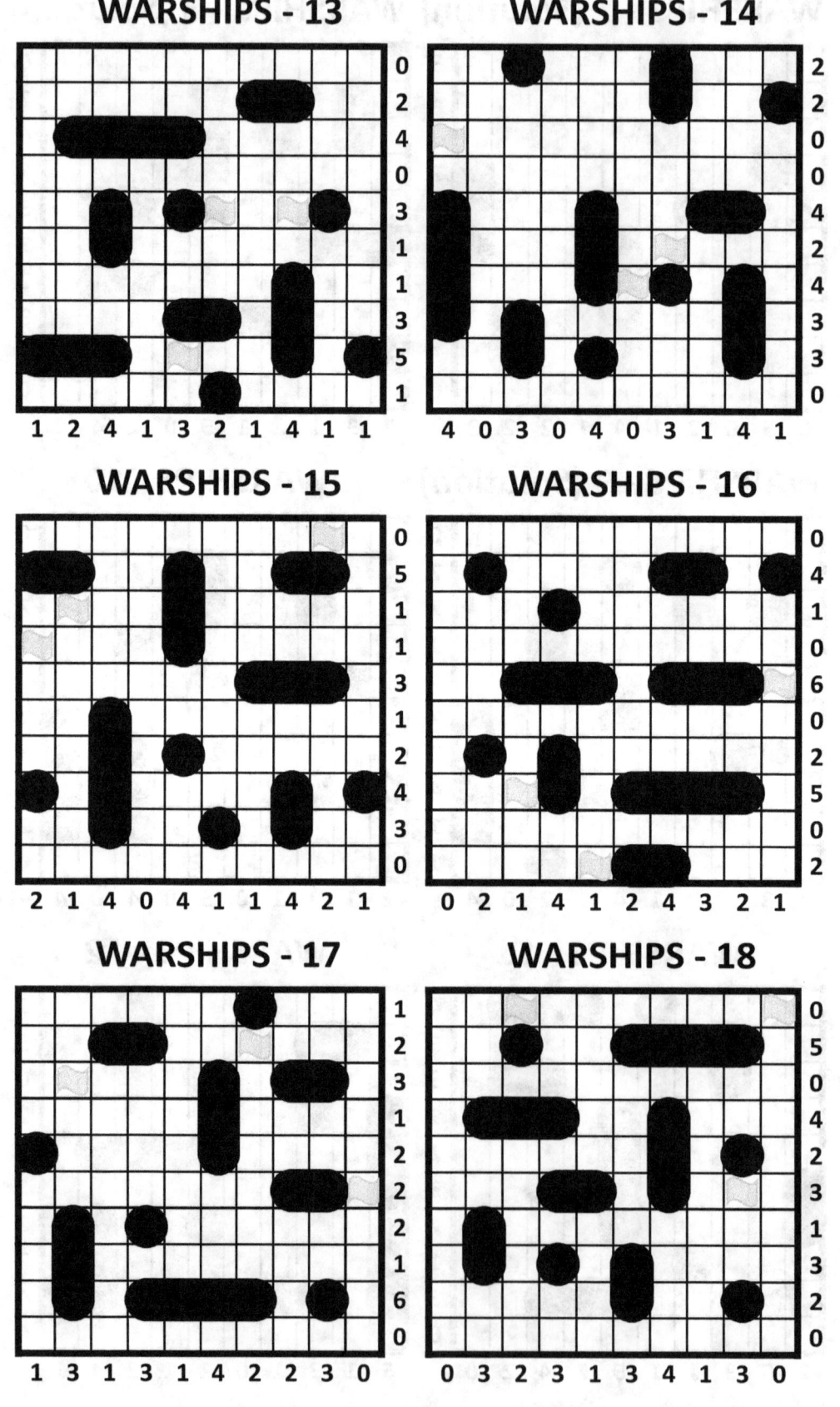

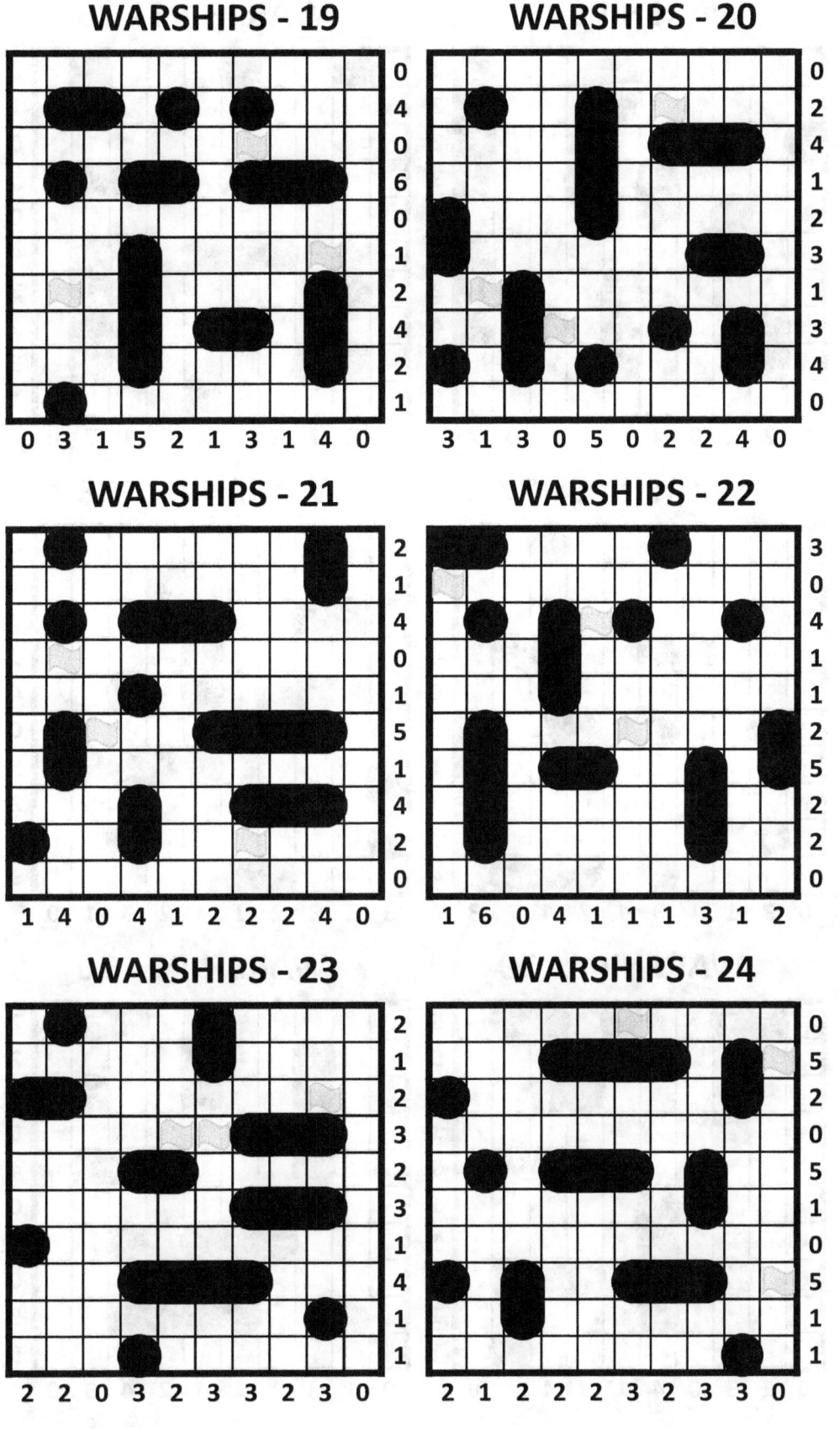

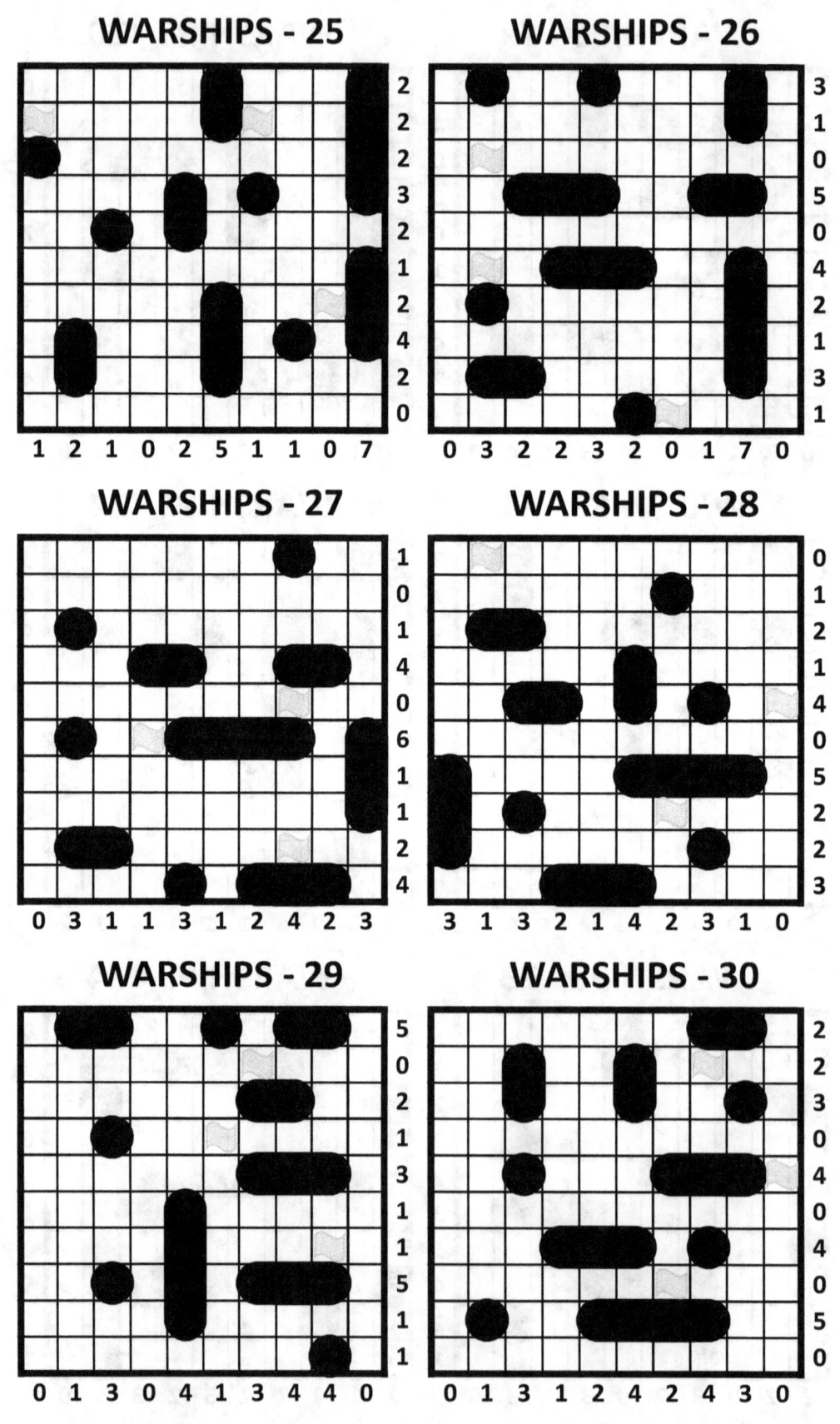

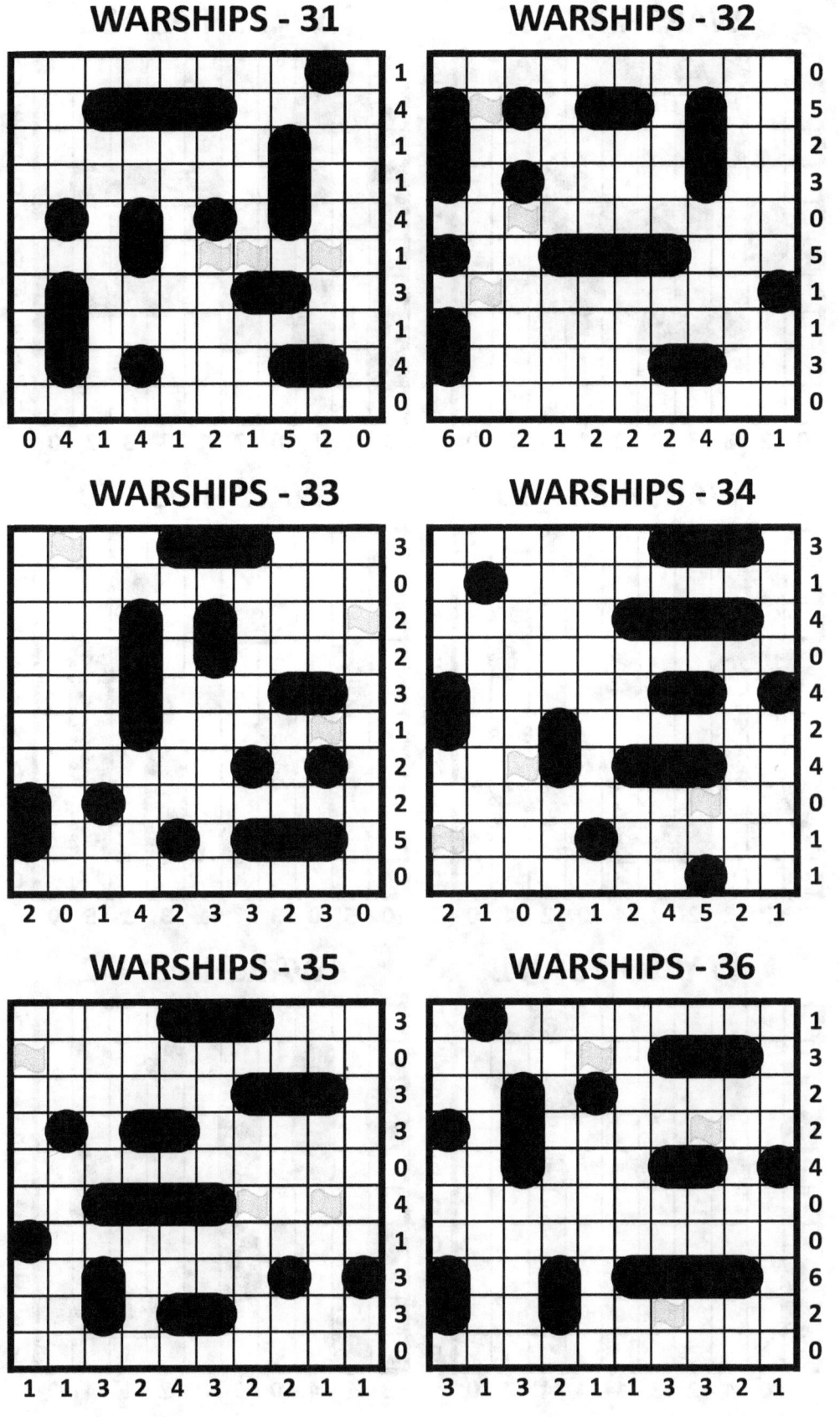

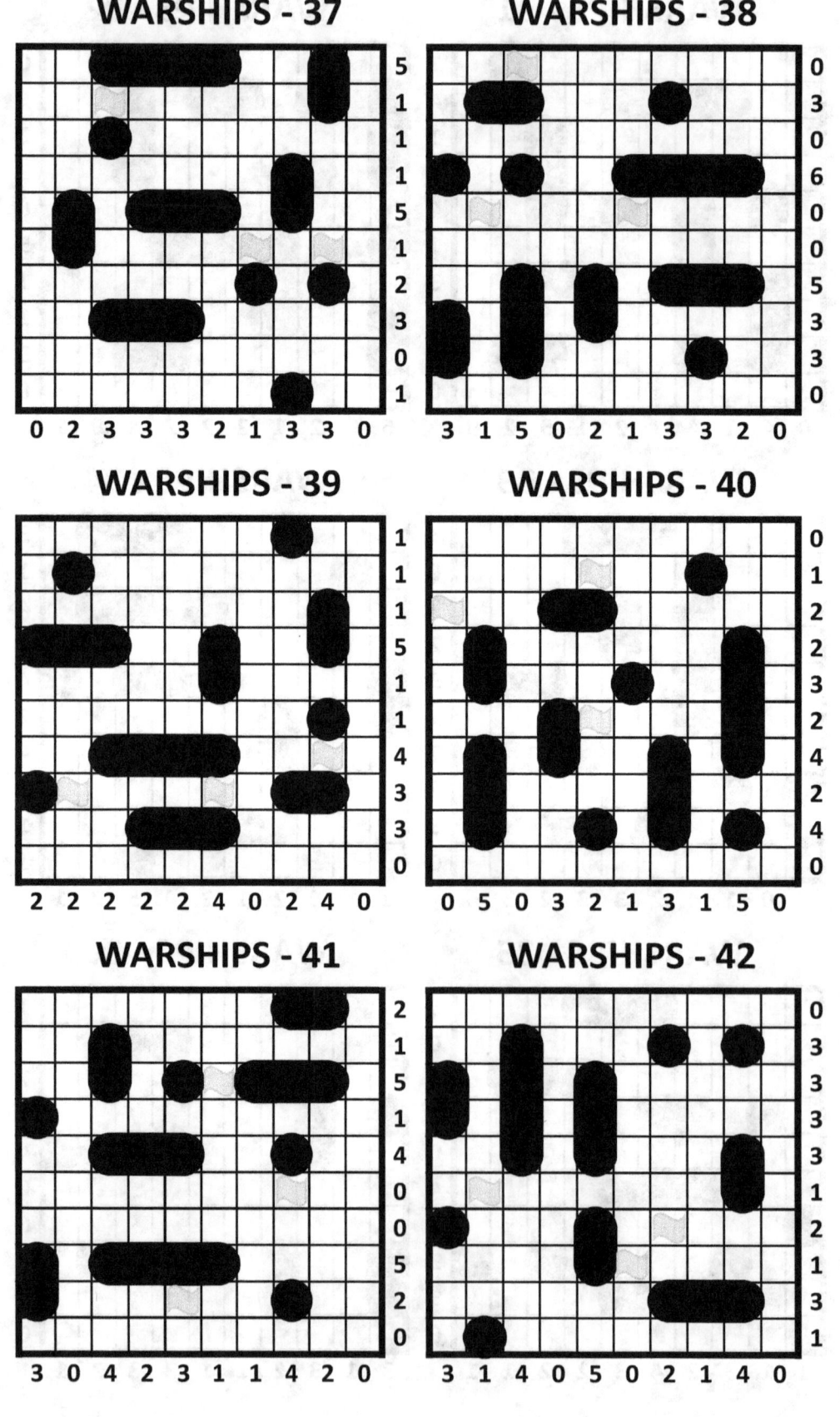

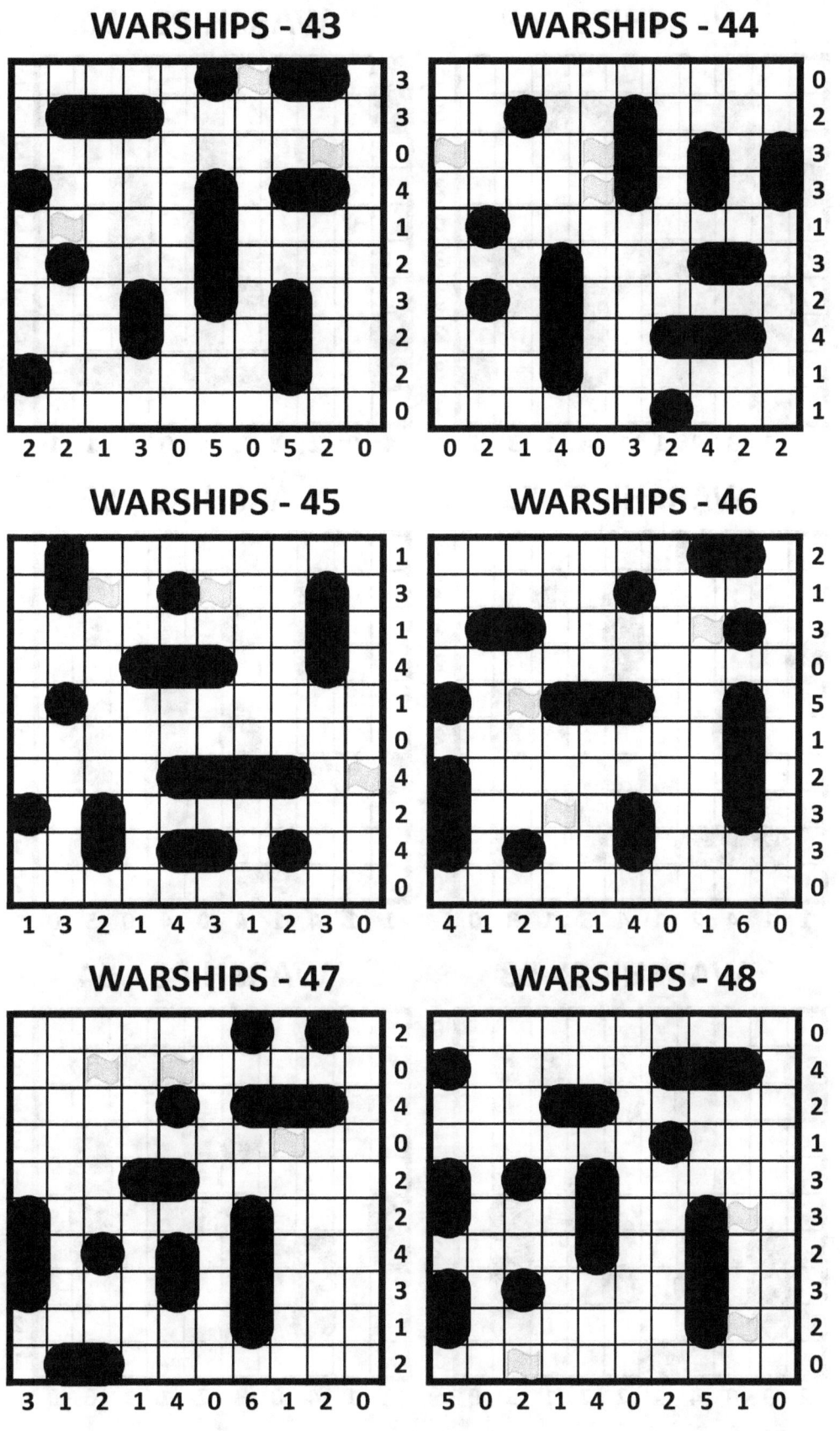

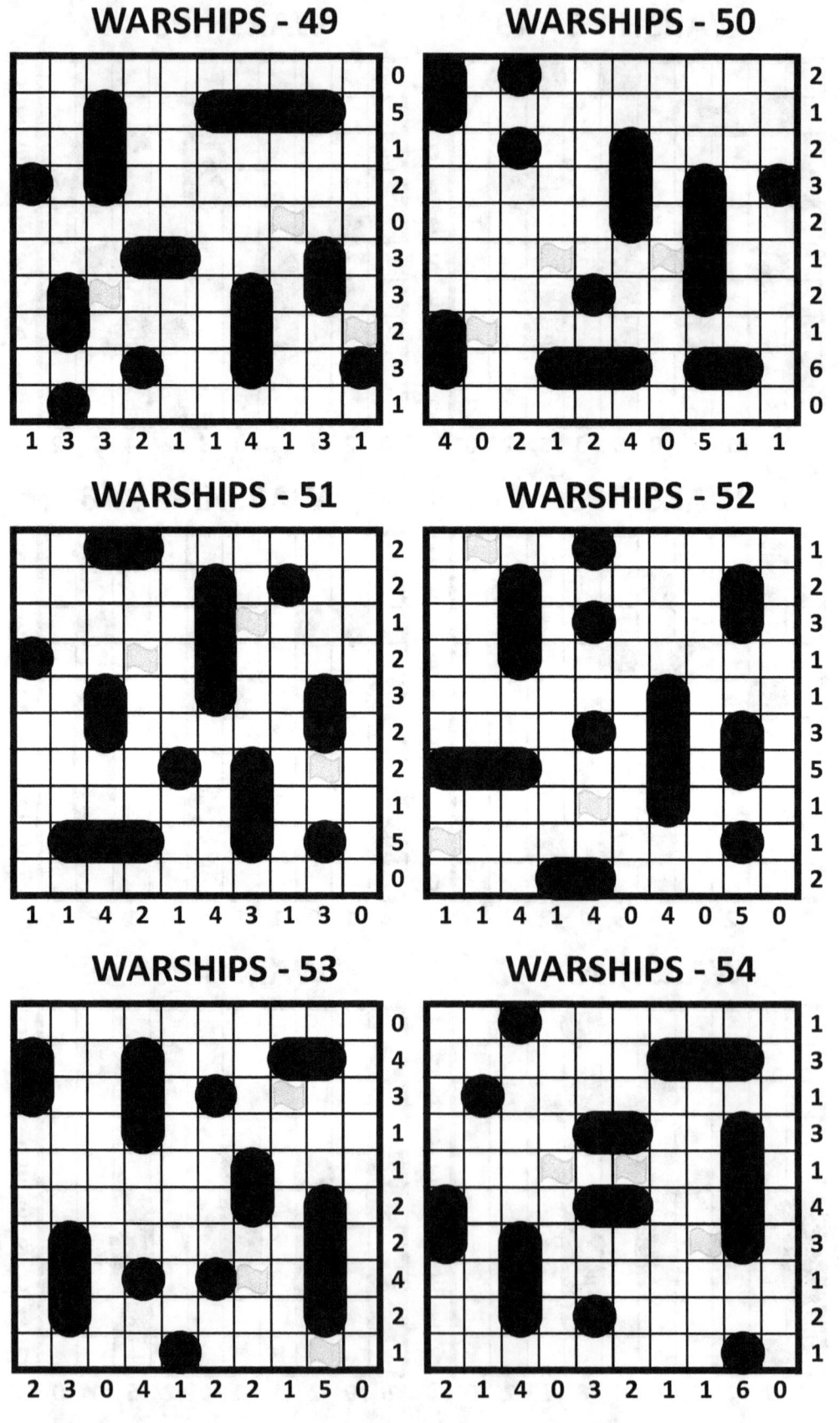

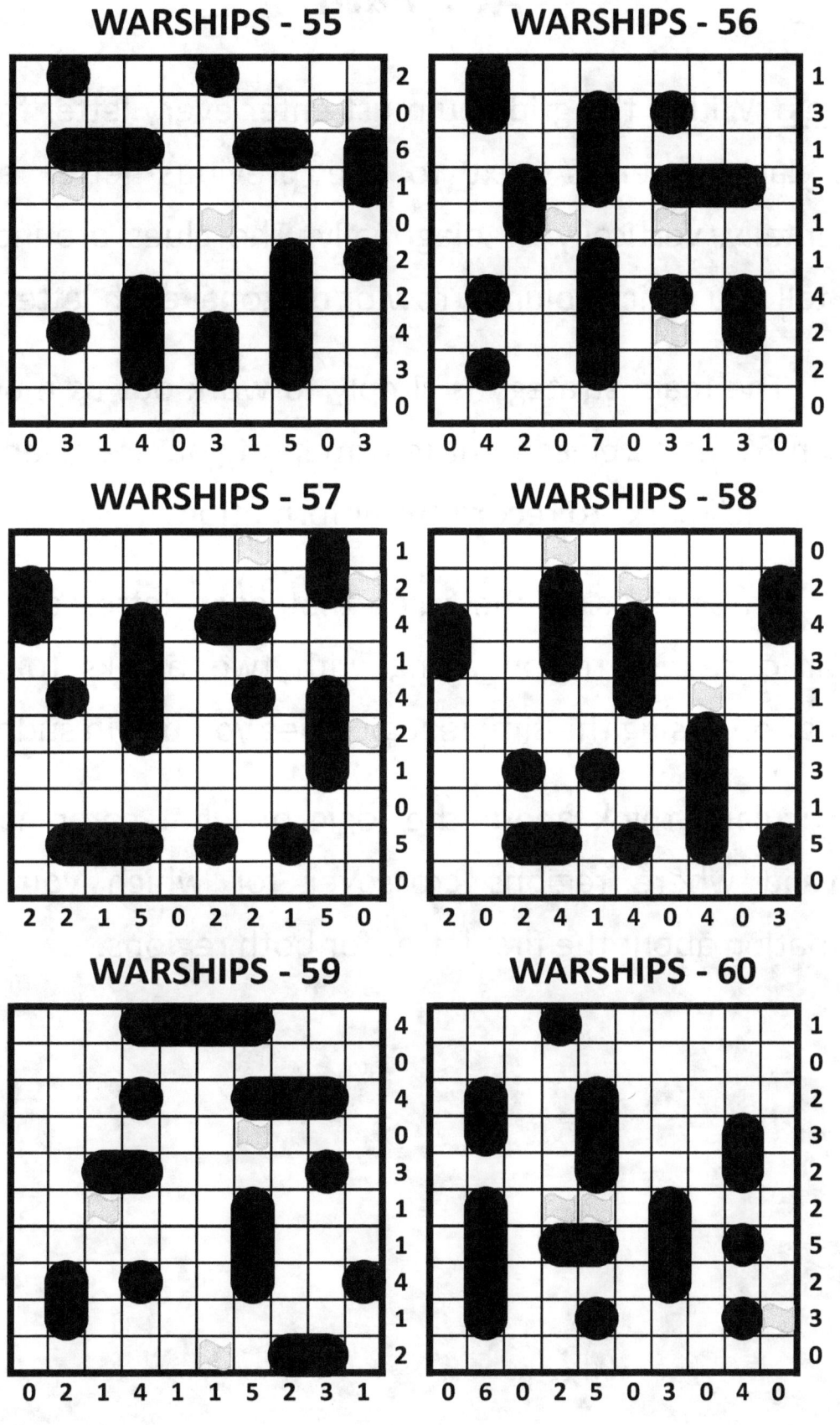

ABC Path

Rules: Within the grid you must enter every letter from A to Y. Each letter is next to the previous letter either horizontally, vertically or diagonally. The clues around the edge tell you which column, row or diagonal each letter is in.

Tips: The main strategy is simply to work out as much as you can from the placement information you are given, and to use pencilmarks to record this information.

You can start using the rules that each letter can only appear once per region along with two blanks to make eliminations using the simple logic rules you use in sudoku.

Particularly think about the logic of what combinations are valid where regions crossover for which you have information about the first letter for both regions.

ABC PATH - 1

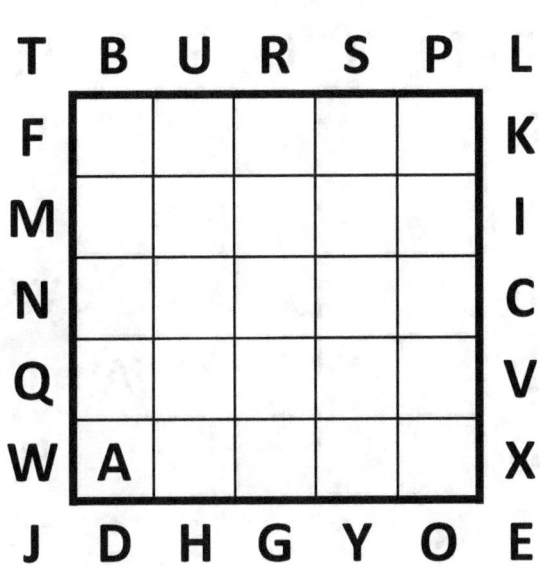

ABC PATH - 2

ABC PATH - 3

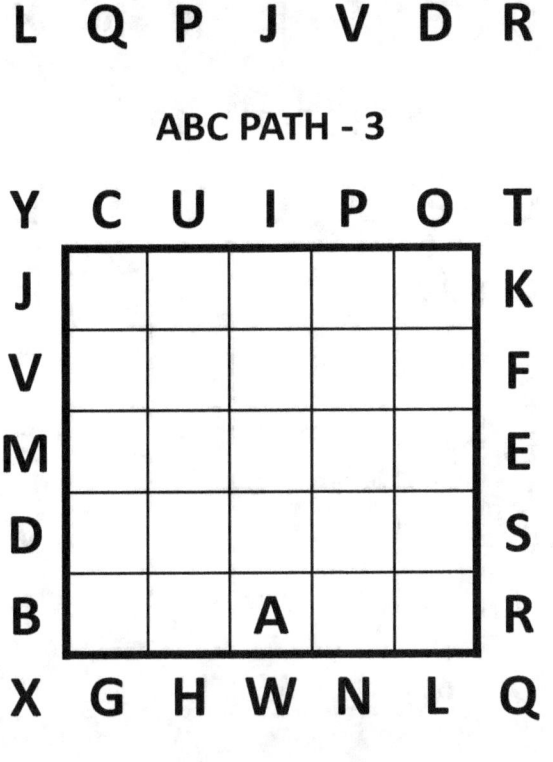

ABC PATH - 4

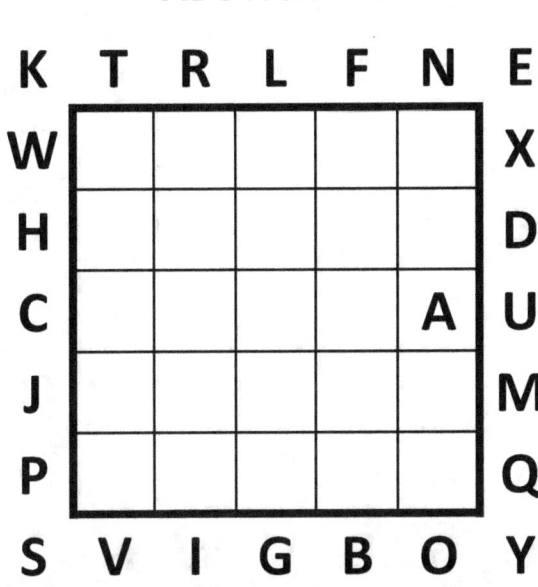

ABC PATH - 5

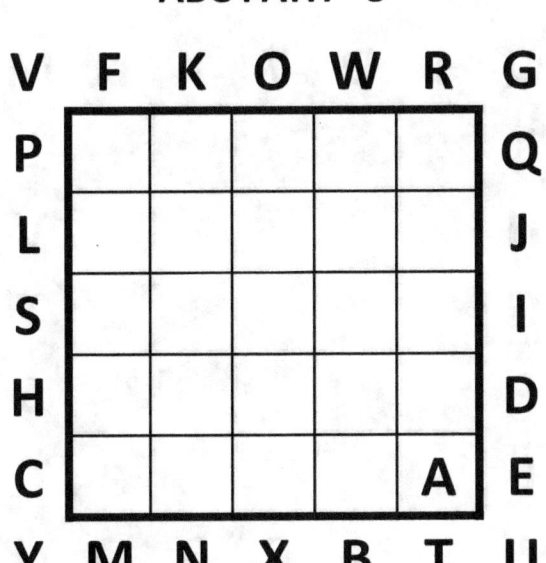

ABC PATH - 6

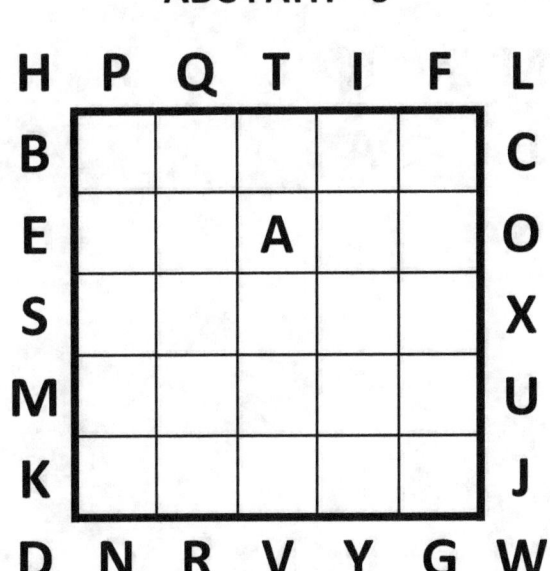

ABC PATH - 7

```
    E  M  X  O  F  R  Q
    N  .  .  .  .  .  P
    Y  .  .  .  .  .  L
    B  .  .  .  .  .  W
    D  .  .  .  .  A  J
    G  .  .  .  .  .  H
    I  K  V  U  S  C  T
```

ABC PATH - 8

```
    Q  G  C  J  V  M  L
    H  .  .  .  .  .  I
    S  .  .  .  .  .  O
    F  .  .  .  .  .  P
    U  .  A  .  .  .  W
    B  .  .  .  .  .  Y
    D  E  T  R  K  N  X
```

ABC PATH - 9

```
    X  F  S  Y  J  L  K
    I  .  .  .  .  .  H
    E  .  .  .  .  .  V
    T  .  .  .  .  .  D
    C  .  .  .  .  .  O
    R  A  .  .  .  .  Q
    M  G  B  U  W  N  P
```

ABC PATH - 10

```
    Q  P  X  C  T  F  E
    D  A  .  .  .  .  B
    S  .  .  .  .  .  R
    O  .  .  .  .  .  G
    W  .  .  .  .  .  V
    J  .  .  .  .  .  I
    M  N  L  K  U  H  Y
```

ABC PATH - 11

```
    M  X  R  E  O  K  W
    B  .  A  .  .  .  F
    Q  .  .  .  .  .  H
    Y  .  .  .  .  .  I
    S  .  .  .  .  .  J
    T  .  .  .  .  .  L
    V  C  U  N  P  G  D
```

ABC PATH - 12

```
    Q  I  D  Y  X  N  M
    K  .  .  .  .  .  L
    H  .  .  .  .  .  V
    G  .  .  .  .  .  T
    P  .  .  .  .  .  S
    E  .  .  .  .  A  C
    W  F  J  R  B  O  U
```

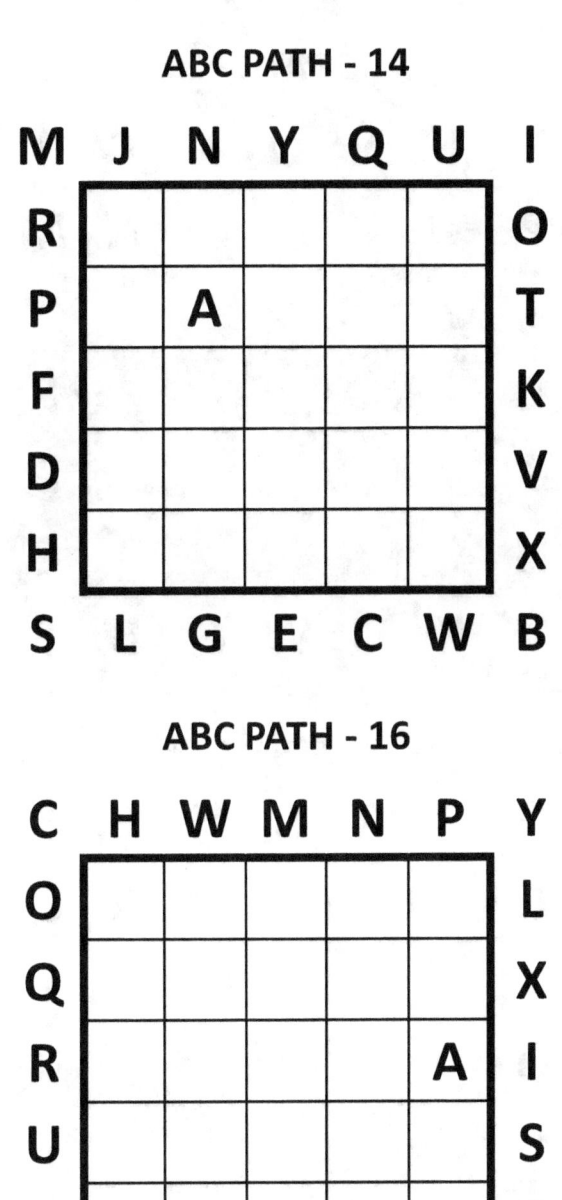
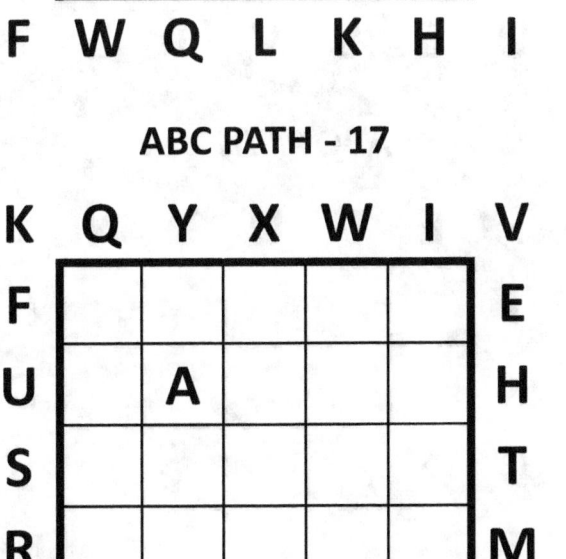
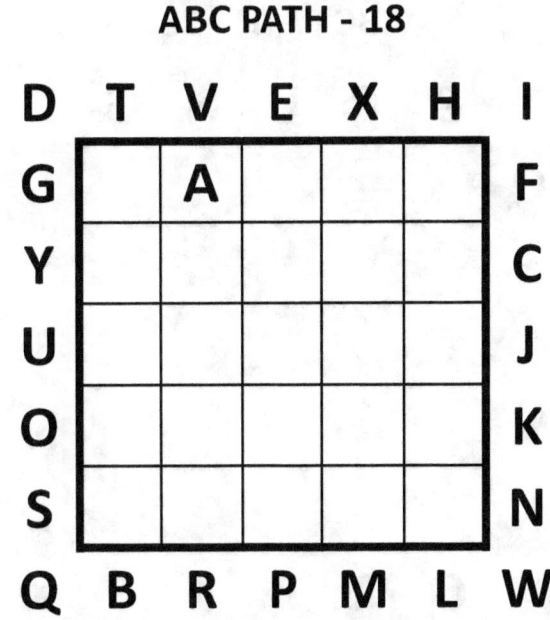

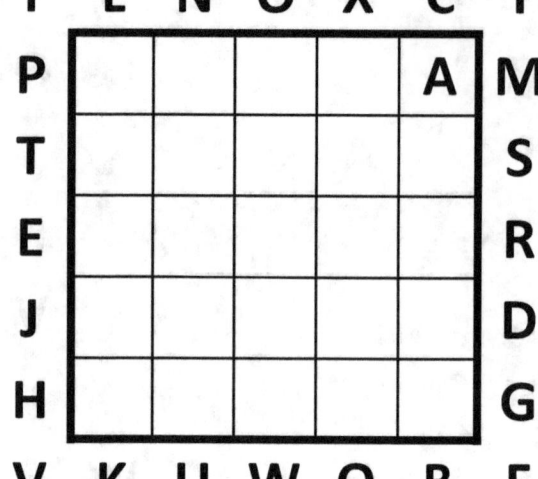
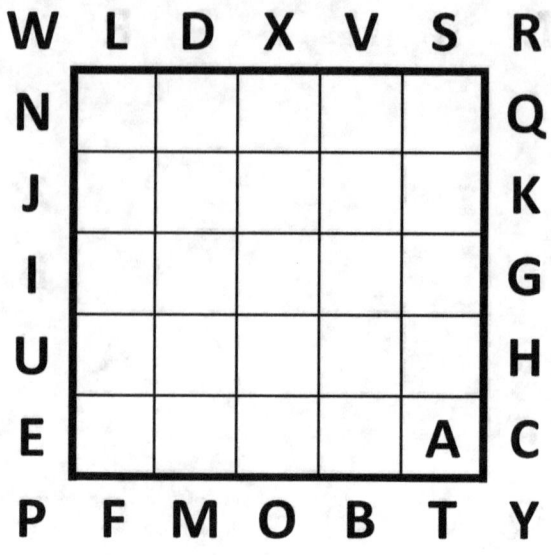
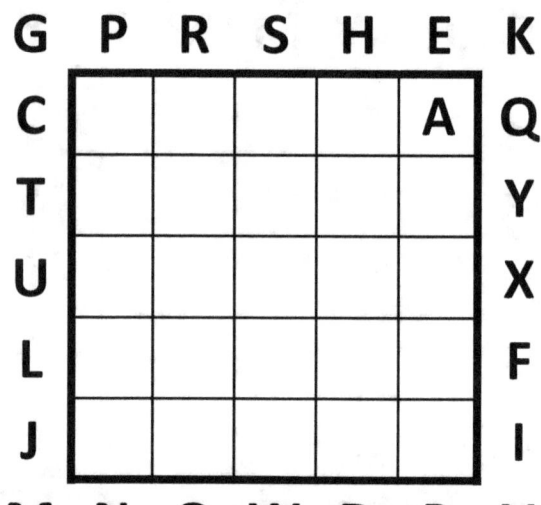
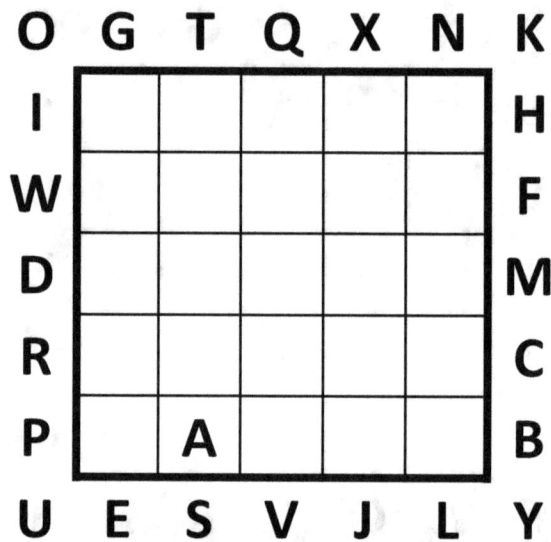
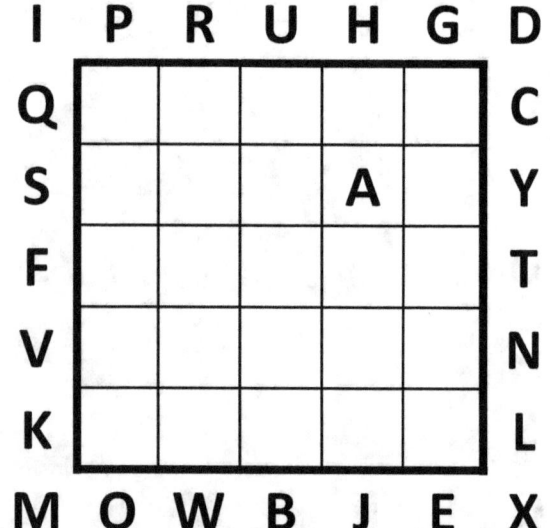
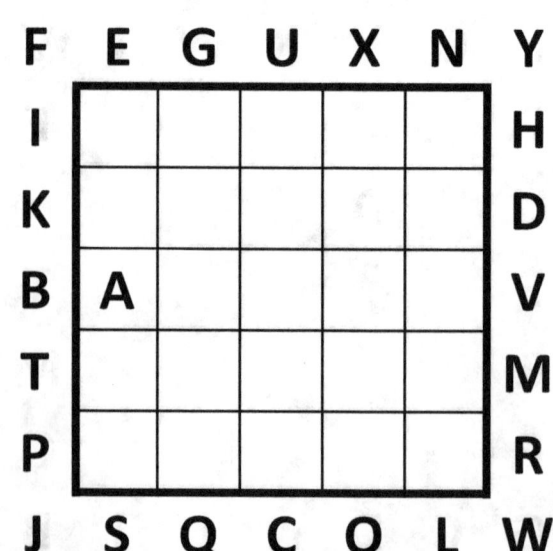

ABC PATH - 25
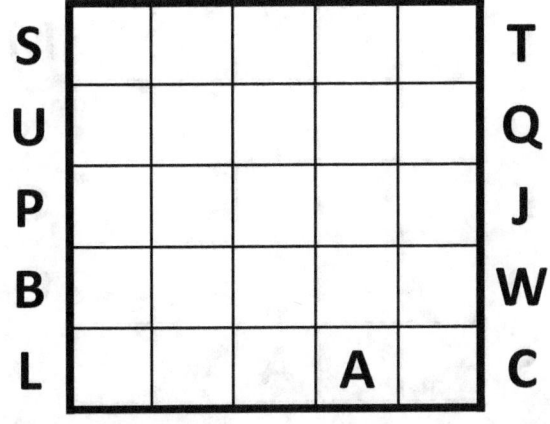

ABC PATH - 26
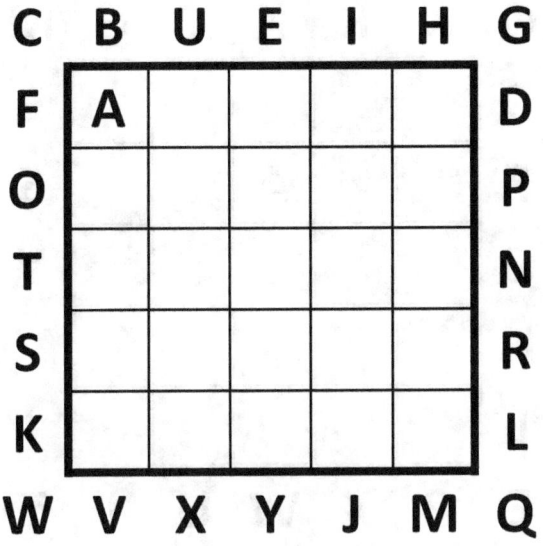

ABC PATH - 27
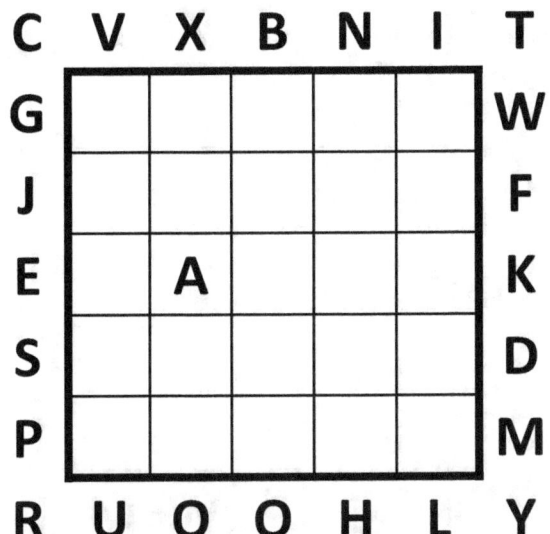

ABC PATH - 28
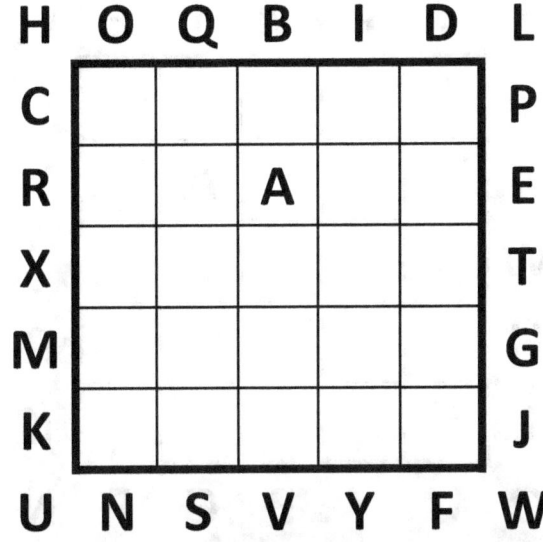

ABC PATH - 29
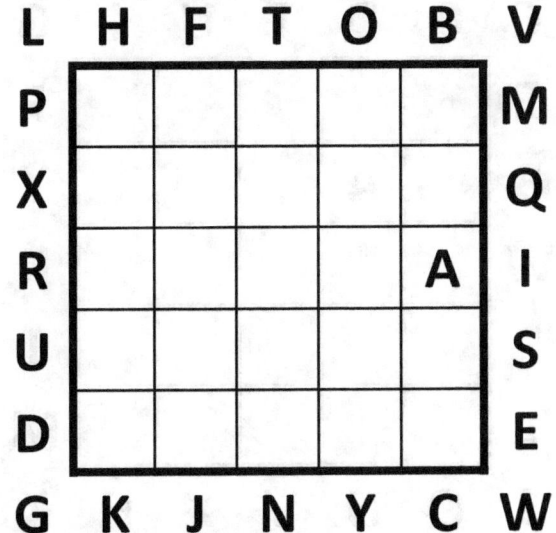

ABC PATH - 30
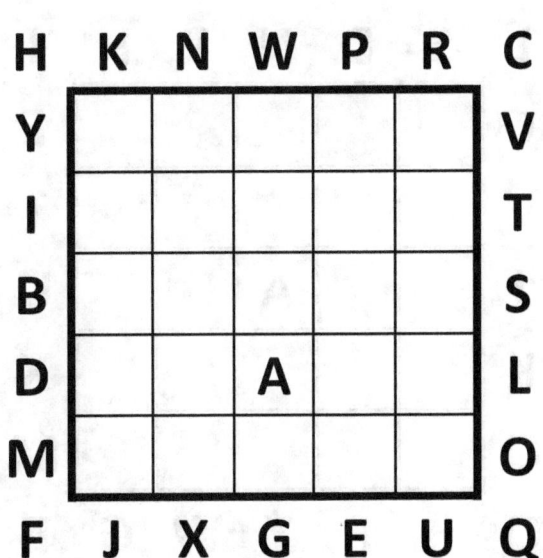

ABC PATH - 31

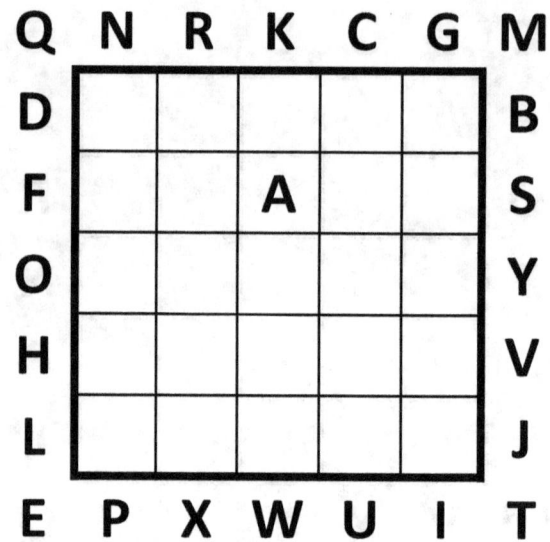

ABC PATH - 32

ABC PATH - 33

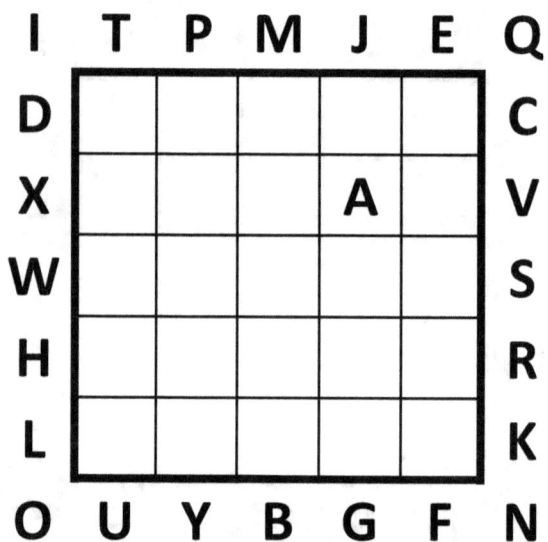

ABC PATH - 34

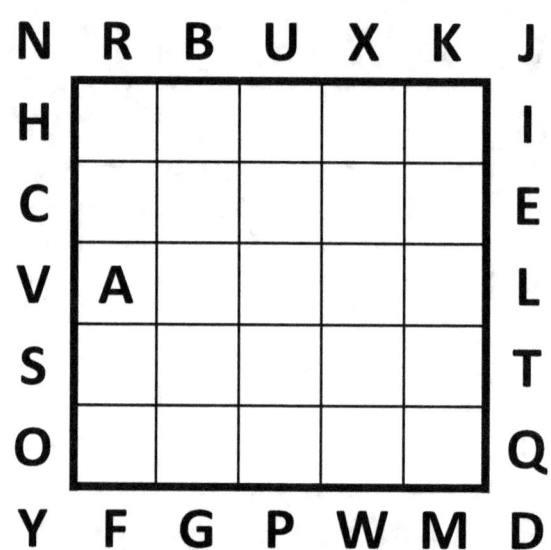

ABC PATH - 35

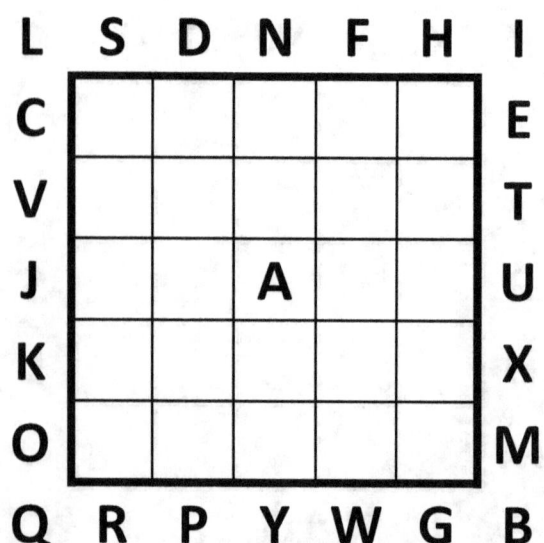

ABC PATH - 36

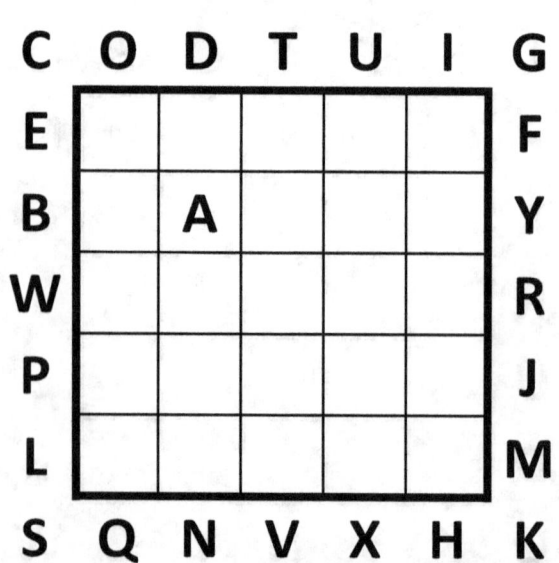

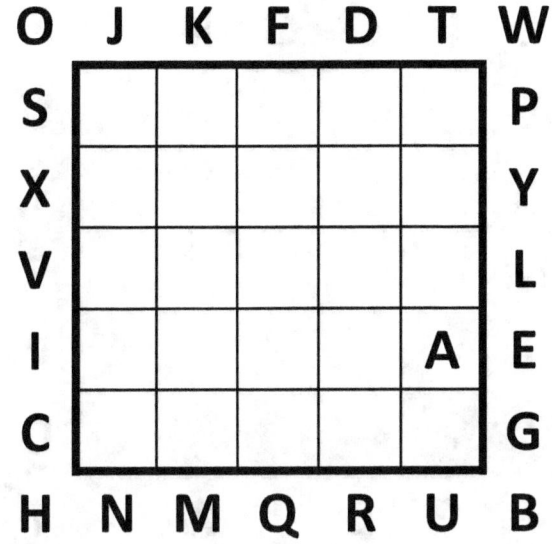
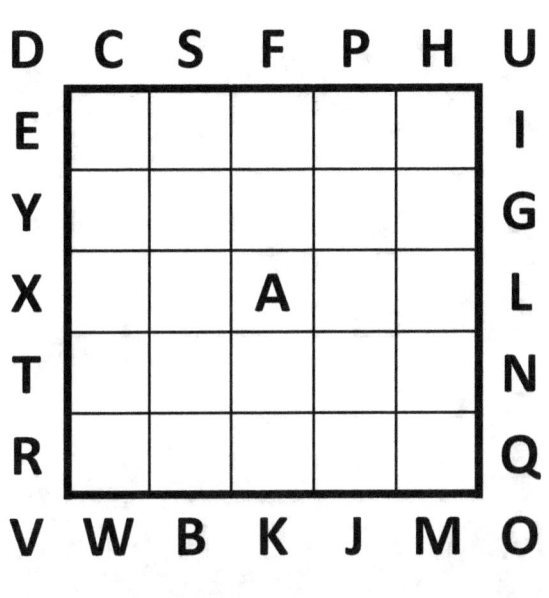
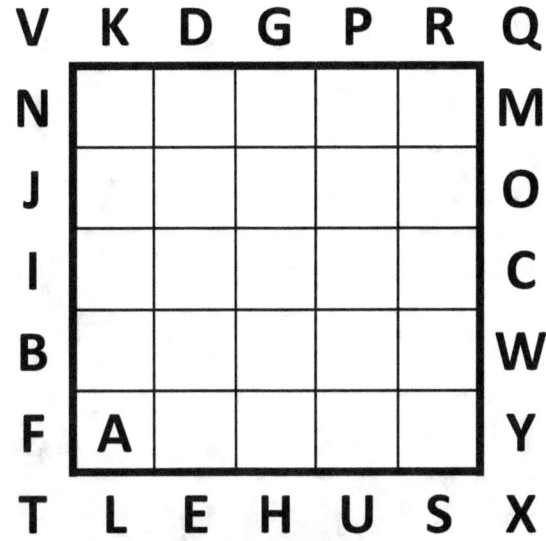
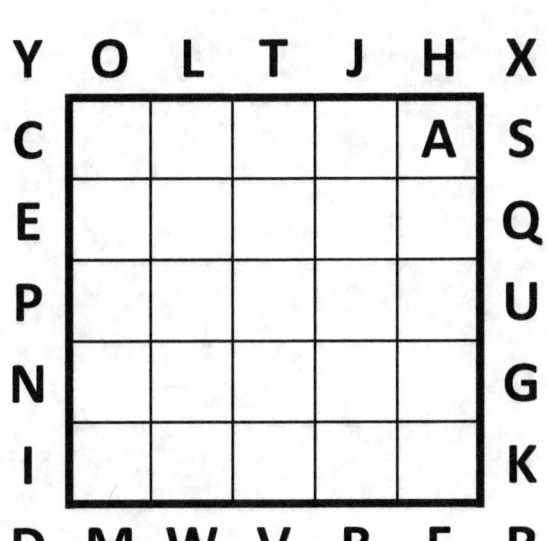
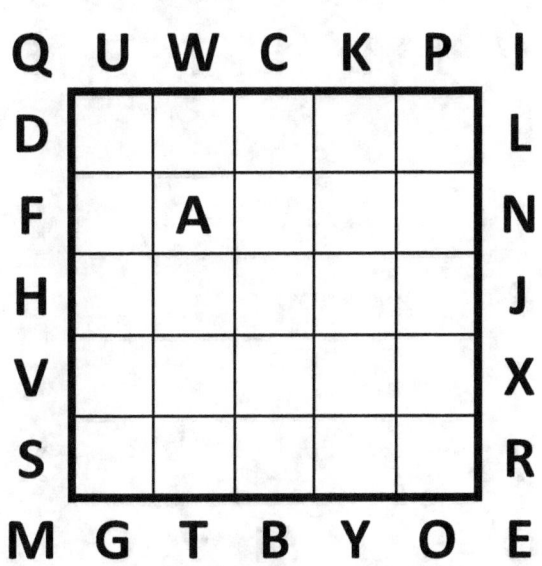

ABC PATH - 43

ABC PATH - 44

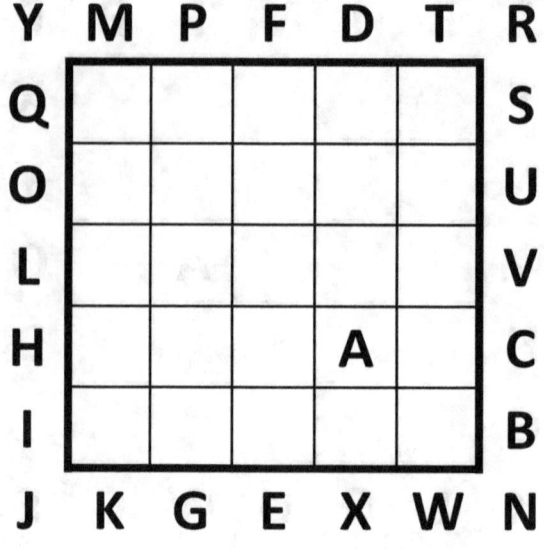

ABC PATH - 45

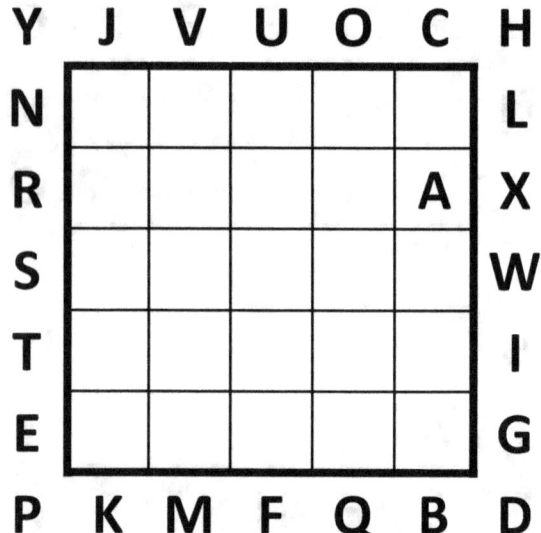

ABC PATH - 46

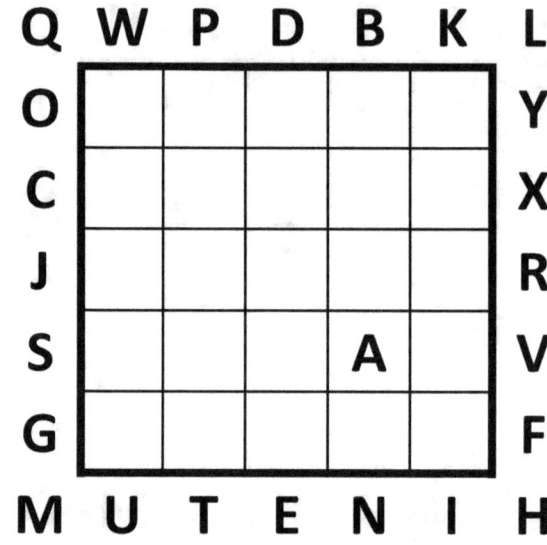

ABC PATH - 47

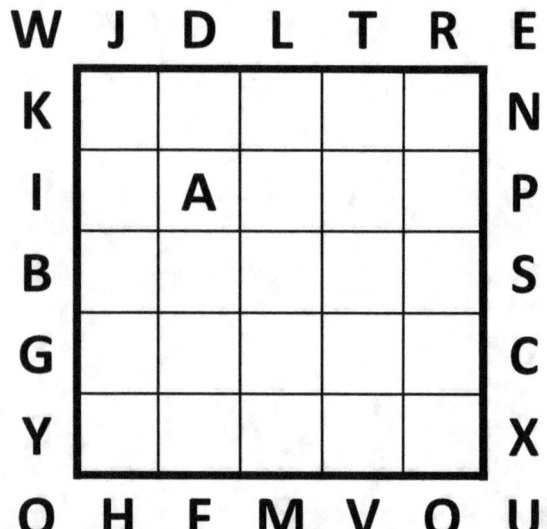

ABC PATH - 48

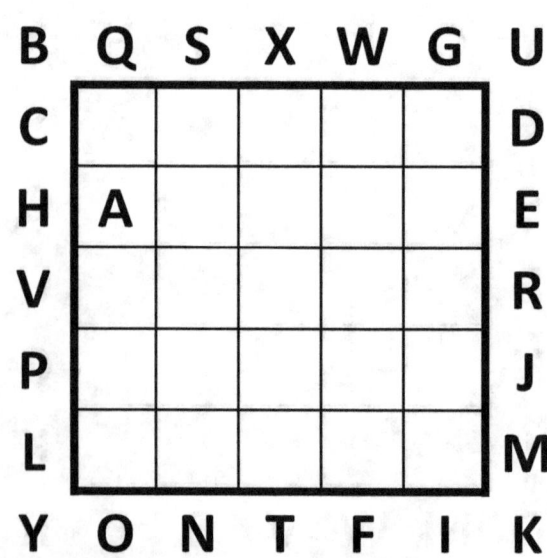

ABC PATH - 49
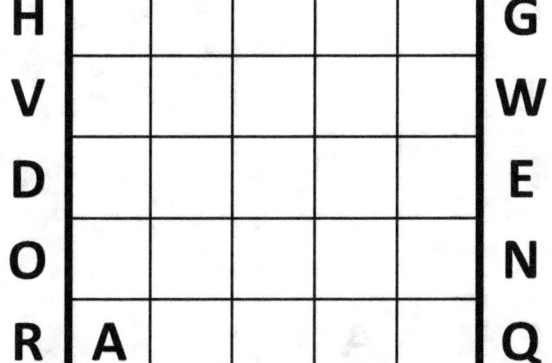

ABC PATH - 50
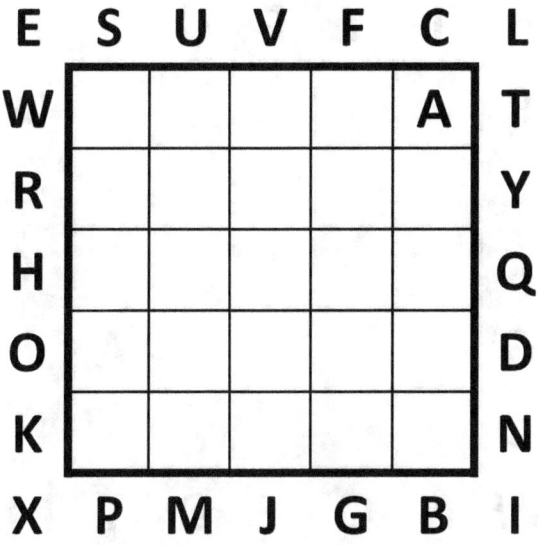

ABC PATH - 51
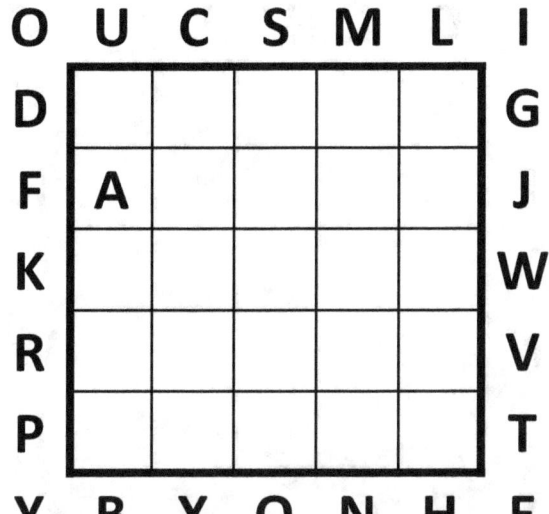

ABC PATH - 52
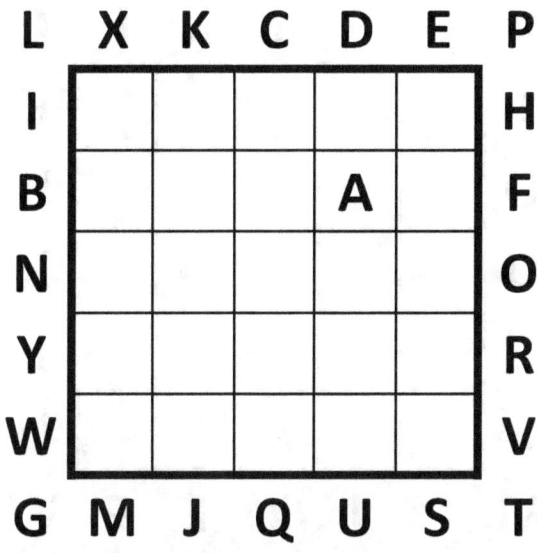

ABC PATH - 53
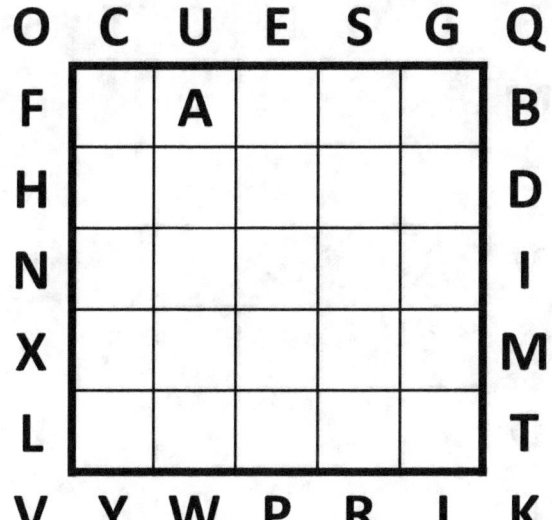

ABC PATH - 54
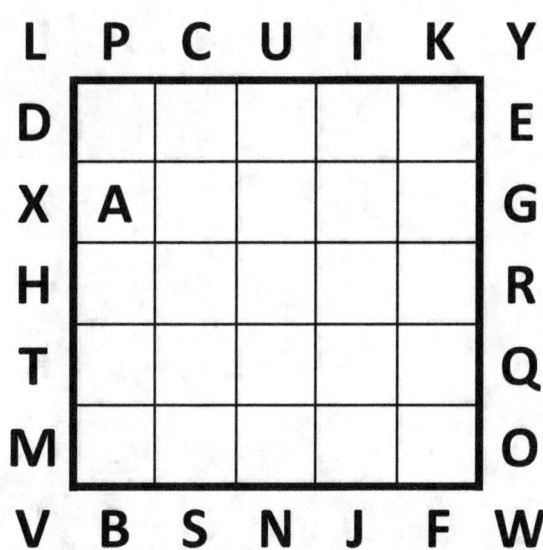

ABC PATH - 55

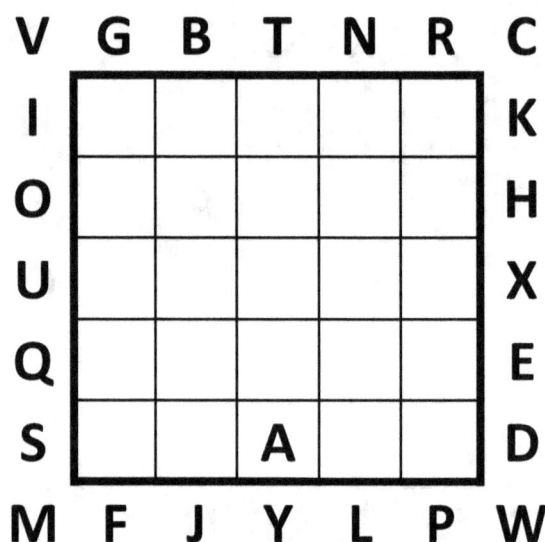

ABC PATH - 56

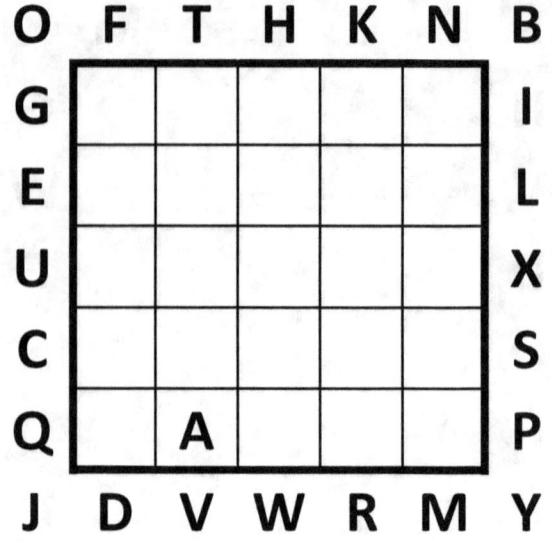

ABC PATH - 57

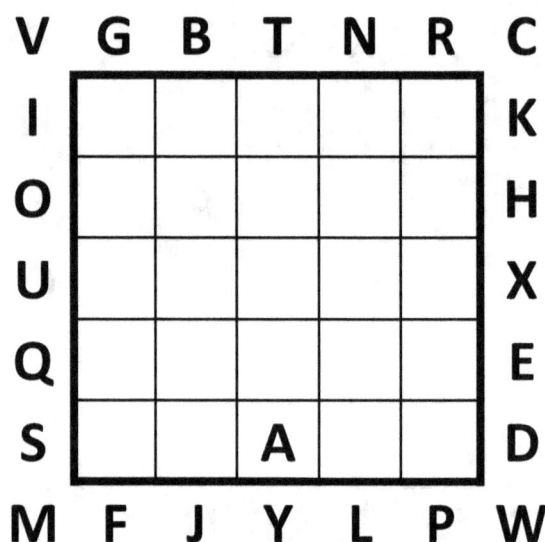

ABC PATH - 58

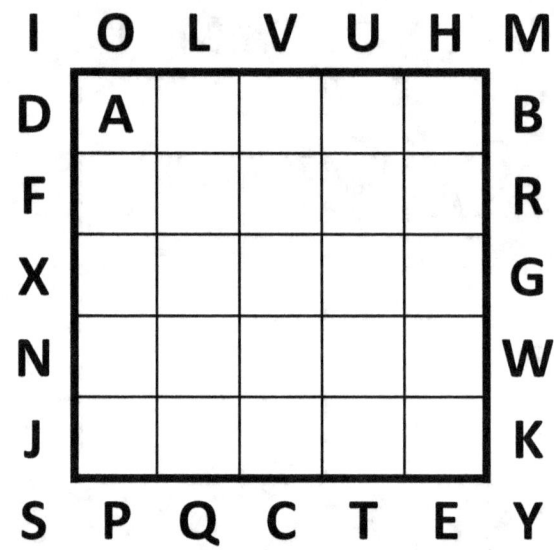

ABC PATH - 59

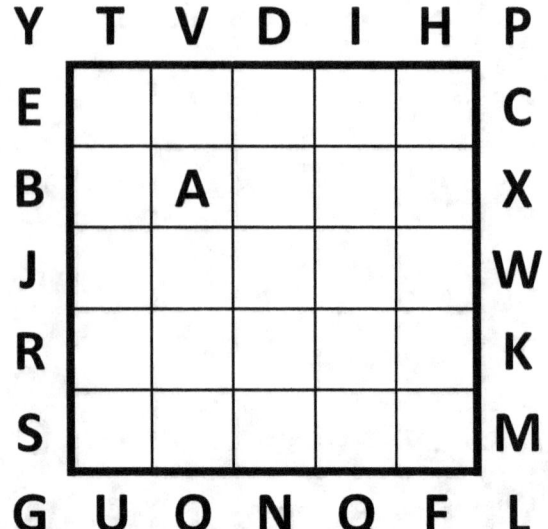

ABC PATH - 60

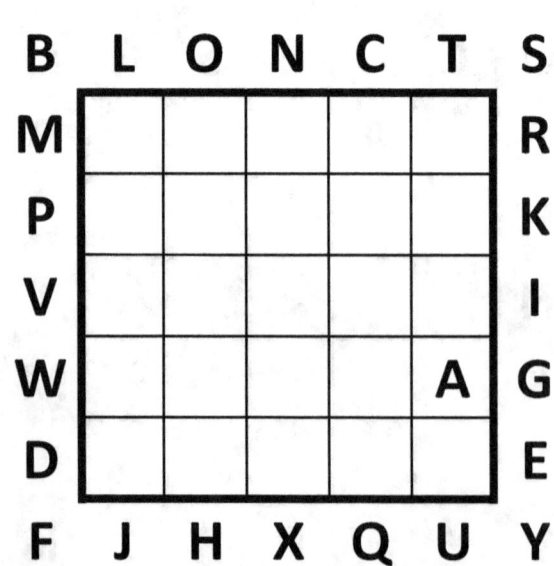

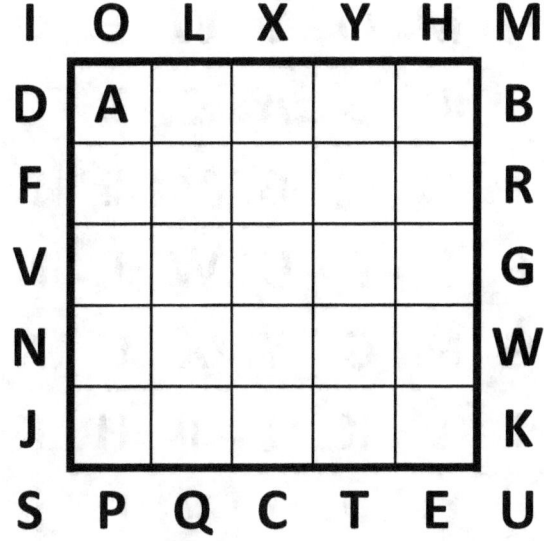
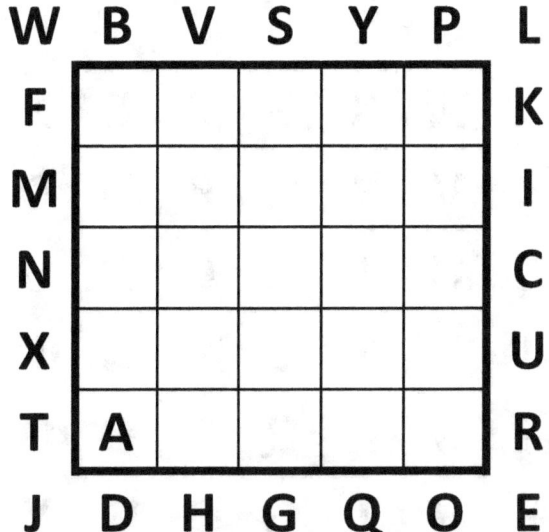
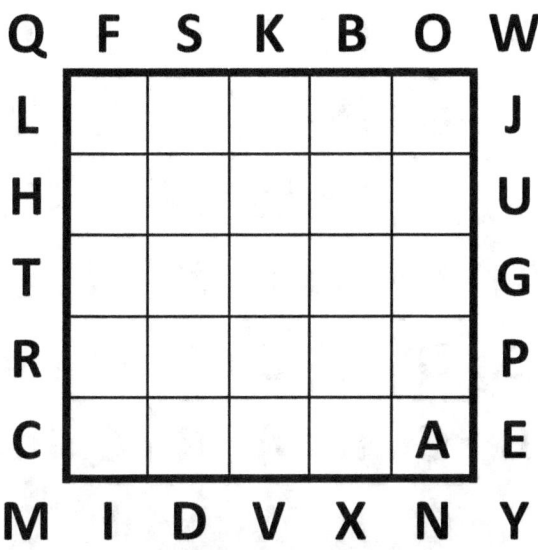
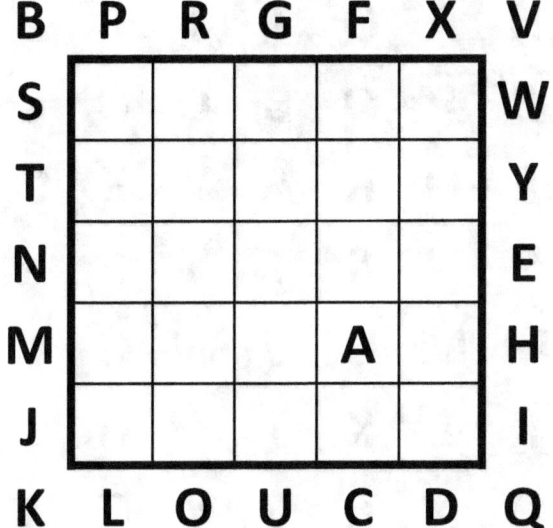
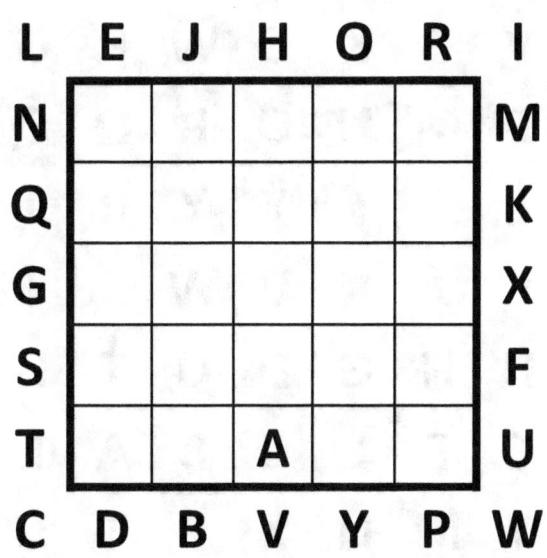

ABC PATH - 1 (Solution)

	H	M	O	Y	W	E	U	
	S	R	S	A	C	D	C	
	T	Q	T	B	V	E	B	
	F	N	P	U	W	F	N	
	G	M	O	Y	X	G	X	
	I	L	K	J	I	H	K	
	L	Q	P	J	V	D	R	

ABC PATH - 2 (Solution)

	T	B	U	R	S	P	L
	F	E	F	G	K	L	K
	M	D	H	I	J	M	I
	N	C	U	T	S	N	C
	Q	B	V	R	Q	O	V
	W	A	W	X	Y	P	X
	J	D	H	G	Y	O	E

ABC PATH - 3 (Solution)

	Y	C	U	I	P	O	T
	J	G	H	I	J	K	K
	V	F	V	W	X	L	F
	M	E	U	Y	N	M	E
	D	D	T	S	P	O	S
	B	C	B	A	R	Q	R
	X	G	H	W	N	L	Q

ABC PATH - 4 (Solution)

	K	T	R	L	F	N	E
	W	W	X	G	F	E	X
	H	V	Y	H	B	D	D
	C	U	I	K	C	A	U
	J	T	J	L	M	N	M
	P	S	R	Q	P	O	Q
	S	V	I	G	B	O	Y

ABC PATH - 5 (Solution)

	V	F	K	O	W	R	G
	P	M	N	O	P	Q	Q
	L	J	L	X	Y	R	J
	S	I	K	V	W	S	I
	H	H	G	D	U	T	D
	C	F	E	C	B	A	E
	Y	M	N	X	B	T	U

ABC PATH - 6 (Solution)

	H	P	Q	T	I	F	L
	B	P	Q	B	C	D	C
	E	O	R	A	Y	E	O
	S	N	S	T	X	F	X
	M	M	U	V	W	G	U
	K	L	K	J	I	H	J
	D	N	R	V	Y	G	W

ABC PATH - 7 (Solution)

	E	M	X	O	F	R	Q	
	N	M	N	O	P	Q	P	
	Y	L	X	Y	S	R	L	
	B	K	W	T	B	C	W	
	D	J	V	U	D	A	J	
	G	I	H	G	F	E	H	
	I	K	V	U	S	C	T	

ABC PATH - 8 (Solution)

	Q	G	C	J	V	M	L
	H	H	I	J	K	L	I
	S	G	S	R	O	M	O
	F	F	T	Q	P	N	P
	U	E	A	U	V	W	W
	B	D	C	B	Y	X	Y
	D	E	T	R	K	N	X

ABC PATH - 9 (Solution)

	X	F	S	Y	J	L	K
	I	G	H	I	J	K	H
	E	F	E	V	M	L	V
	T	D	T	U	W	N	D
	C	C	S	Y	X	O	O
	R	A	B	R	Q	P	Q
	M	G	B	U	W	N	P

ABC PATH - 10 (Solution)

	Q	P	X	C	T	F	E
	D	A	B	C	D	E	B
	S	P	Q	R	S	F	R
	O	O	X	Y	T	G	G
	W	N	W	V	U	H	V
	J	M	L	K	J	I	I
	M	N	L	K	U	H	Y

ABC PATH - 11 (Solution)

	M	X	R	E	O	K	W
	B	B	A	E	F	G	F
	Q	C	D	Q	P	H	H
	Y	Y	R	N	O	I	I
	S	X	K	W	S	M	J	J
	T	V	U	T	L	K	L
	V	C	U	N	P	G	D

ABC PATH - 12 (Solution)

	Q	I	D	Y	X	N	M
	K	I	J	K	L	M	L
	H	H	U	V	W	N	V
	G	G	T	Y	X	O	T
	P	F	S	R	Q	P	S
	E	E	D	C	B	A	C
	W	F	J	R	B	O	U

ABC PATH - 13 (Solution)

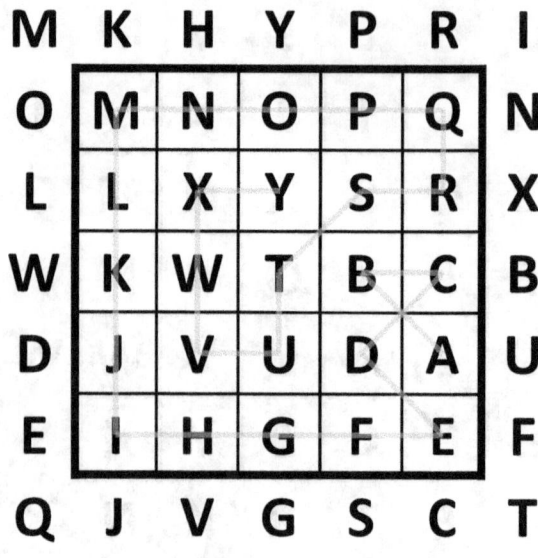

ABC PATH - 14 (Solution)

ABC PATH - 15 (Solution)

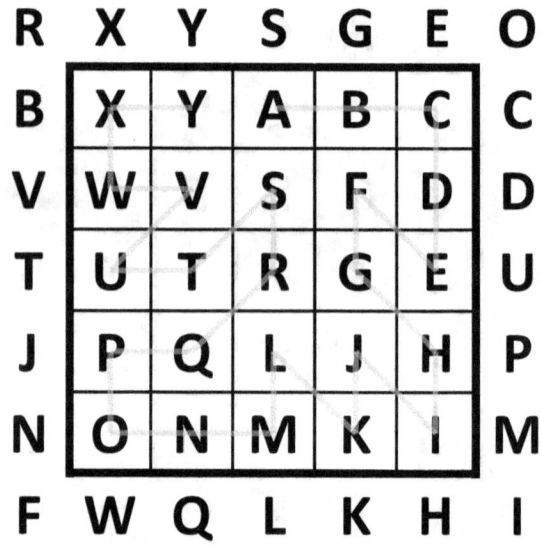

ABC PATH - 16 (Solution)

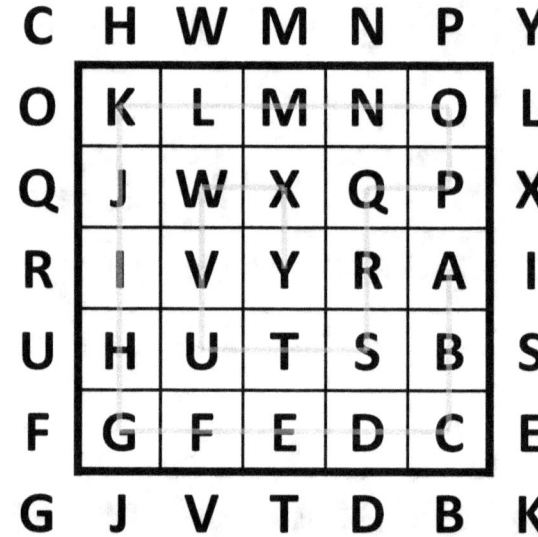

ABC PATH - 17 (Solution)

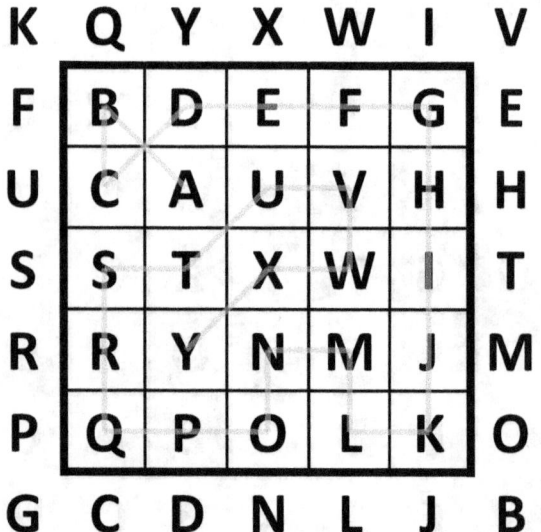

ABC PATH - 18 (Solution)

ABC PATH - 19 (Solution)

	Y	L	N	O	X	C	I	
P	M	N	O	P	A	M		
T	L	S	T	Q	B	S		
E	K	U	R	E	C	R		
J	J	V	W	F	D	D		
H	I	H	G	X	Y	G		
	V	K	U	W	Q	B	F	

ABC PATH - 20 (Solution)

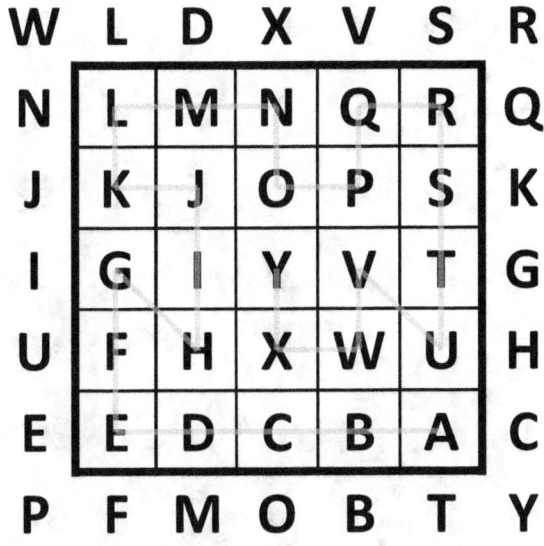

ABC PATH - 21 (Solution)

	G	P	R	S	H	E	K
C	Q	R	S	C	A	Q	
T	P	Y	T	D	B	Y	
U	N	O	X	U	E	X	
L	L	M	W	V	F	F	
J	K	J	I	H	G	I	
	M	N	O	W	D	B	V

ABC PATH - 22 (Solution)

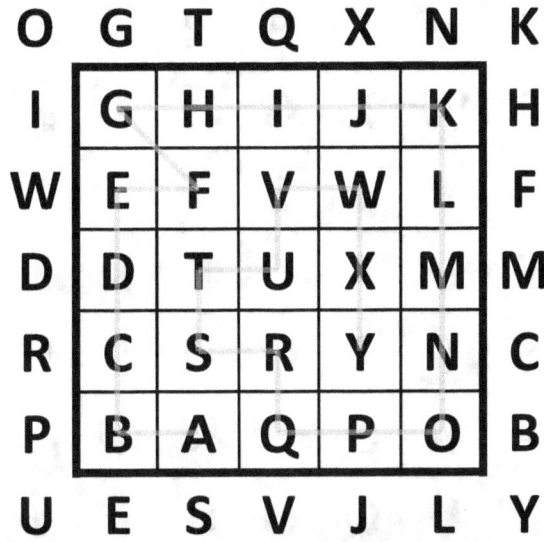

ABC PATH - 23 (Solution)

	I	P	R	U	H	G	D
Q	Q	R	B	C	D	C	
S	P	Y	S	A	E	Y	
F	O	W	X	T	F	T	
V	N	V	U	H	G	G	
K	M	L	K	J	I	L	
	M	O	W	B	J	E	X

ABC PATH - 24 (Solution)

	F	E	G	U	X	N	Y
I	F	G	H	I	J	H	
K	E	D	C	Y	K	D	
B	A	B	V	X	L	V	
T	S	T	U	W	M	M	
P	R	Q	P	O	N	R	
	J	S	Q	C	O	L	W

ABC PATH - 25 (Solution)

```
  D O X K F I N
S | R S T G H | T
U | Q Y U F I | Q
P | P X V J E | J
B | O W K D B | W
L | N M L A C | C
  H R M V G E Y
```

ABC PATH - 26 (Solution)

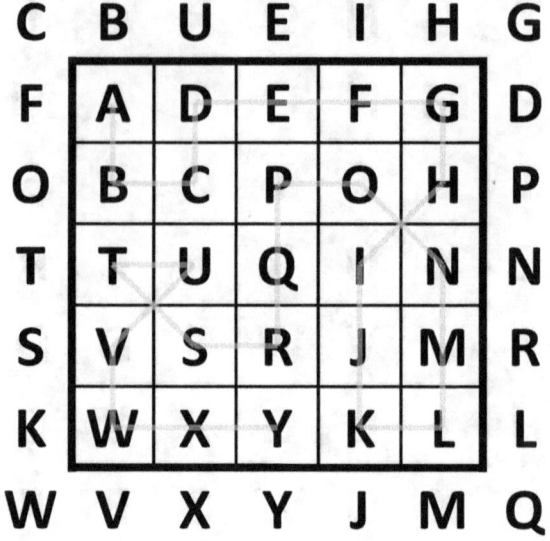

ABC PATH - 27 (Solution)

```
  C V X B N I T
G | W X G H I | W
J | V Y B F J | F
E | U A C E K | K
S | S T O D L | D
P | R Q P N M | M
  R U Q O H L Y
```

ABC PATH - 28 (Solution)

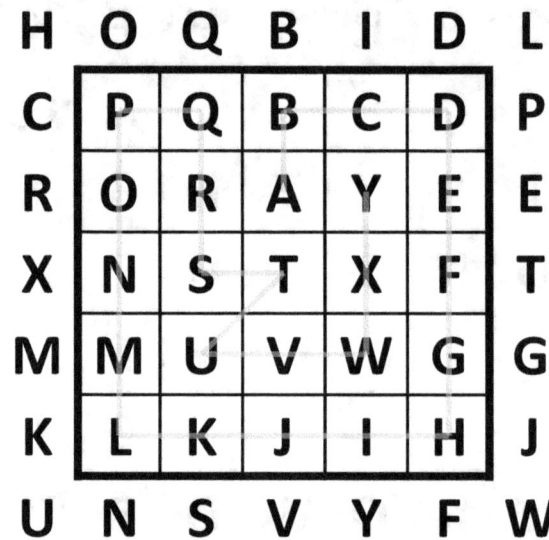

ABC PATH - 29 (Solution)

```
  L H F T O B V
P | L M N O P | M
X | K W X Y Q | Q
R | I J V R A | I
U | H U T S B | S
D | G F E D C | E
  G K J N Y C W
```

ABC PATH - 30 (Solution)

```
  H K N W P R C
Y | Y X W V U | V
I | I H G F T | T
B | J B C E S | S
D | K L A D R | L
M | M N O P Q | O
  F J X G E U Q
```

ABC PATH - 31 (Solution)

```
  Q N R K C G M
D Q R B D E B
F P S A C F S
O O Y T U G Y
H N X W V H V
L M L K J I J
  E P X W U I T
```

ABC PATH - 32 (Solution)

```
  H J K U Y N C
L J K L M N M
O I H W X O X
E E G V Y P G
D D F U T Q Q
S C B A S R B
  V I F W T P R
```

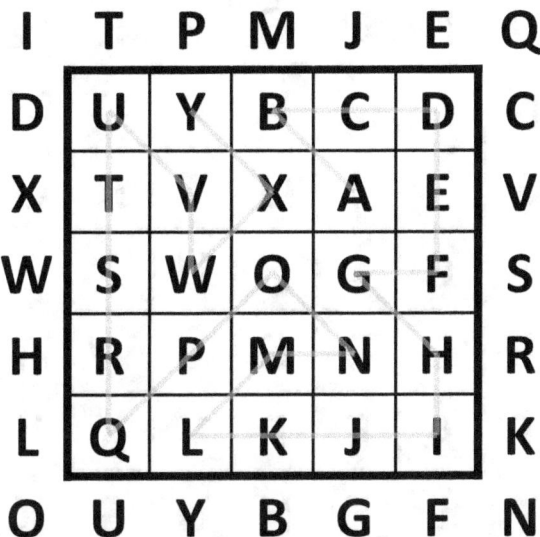

ABC PATH - 33 (Solution)

```
  I T P M J E Q
D U Y B C D C
X T V X A E V
W S W O G F S
H R P M N H R
L Q L K J I K
  O U Y B G F N
```

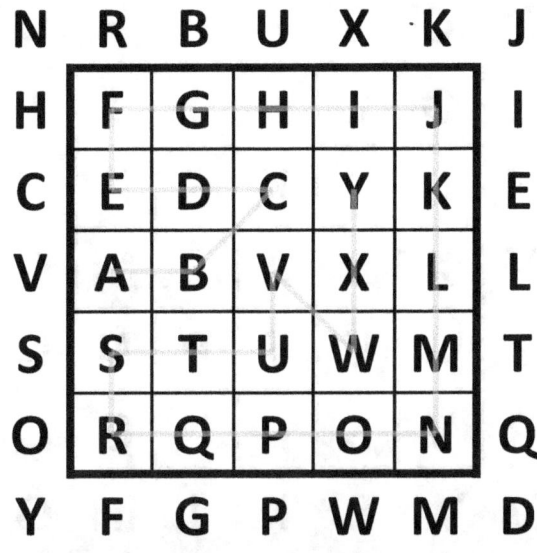

ABC PATH - 34 (Solution)

```
  N R B U X K J
H F G H I J I
C E D C Y K E
V A B V X L L
S S T U W M T
O R Q P O N Q
  Y F G P W M D
```

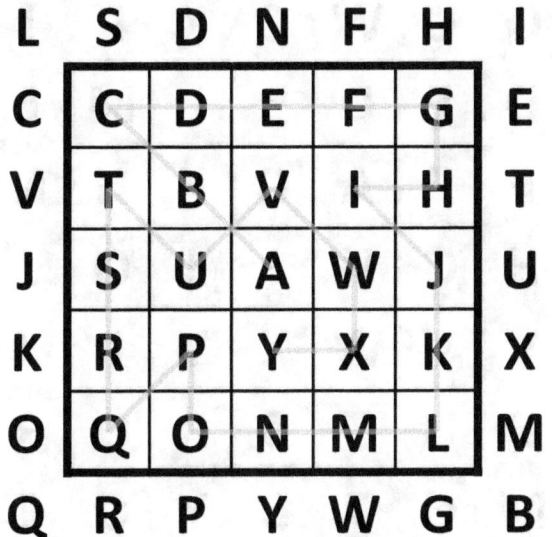

ABC PATH - 35 (Solution)

```
  L S D N F H I
C C D E F G E
V T B V I H T
J S U A W J U
K R P Y X K X
  Q O N M L M
  Q R P Y W G B
```

ABC PATH - 36 (Solution)

```
  C O D T U I G
E C D E F G F
  B A Y X H Y
W Q R T W I R
P P S V U J J
L O N M L K M
  S Q N V X H K
```

ABC PATH - 37 (Solution)

	S	R	J	V	F	B	P
T	S	T	V	W	X		X
N	R	N	U	Y	B		Y
M	M	Q	O	A	C		O
H	L	P	H	F	D		D
G	K	J	I	G	E		I
	K	L	Q	U	W	C	E

ABC PATH - 38 (Solution)

	O	J	K	F	D	T	W
S	O	P	Q	R	S		P
X	N	M	X	Y	T		Y
V	J	L	W	V	U		L
I	I	K	E	D	A		E
C	H	G	F	C	B		G
	H	N	M	Q	R	U	B

ABC PATH - 39 (Solution)

	D	C	S	F	P	H	U
E	D	E	F	J	I		I
Y	C	Y	K	G	H		G
X	X	B	A	L	M		L
T	W	U	T	P	N		N
R	V	S	R	Q	O		Q
	V	W	B	K	J	M	O

ABC PATH - 40 (Solution)

	V	K	D	G	P	R	Q
N	L	M	N	P	Q		M
J	K	J	O	T	R		O
I	C	I	H	U	S		C
B	B	D	G	V	W		W
F	A	E	F	Y	X		Y
	T	L	E	H	U	S	X

ABC PATH - 41 (Solution)

	Y	O	L	T	J	H	X
C	R	S	C	B	A		S
E	Q	Y	T	D	E		Q
P	O	P	X	U	F		U
N	N	W	V	J	G		G
I	M	L	K	I	H		K
	D	M	W	V	B	F	R

ABC PATH - 42 (Solution)

	Q	U	W	C	K	P	I
D	E	D	B	L	M		L
F	F	A	C	K	N		N
H	G	H	I	J	O		J
S	V	W	X	Y	P		X
S	U	T	S	R	Q		R
	M	G	T	B	Y	O	E

ABC PATH - 43 (Solution)

```
      B  H  Q  O  K  Y  N
      V [T  U  V  W  X] U
      S [S  I  J  N  Y] I
      M [H  R  O  K  M] R
      L [G  Q  P  L  A] P
      C [F  E  D  C  B] D
         F  G  E  J  W  X  T
```

ABC PATH - 44 (Solution)

```
      Y  M  P  F  D  T  R
      Q [N  P  Q  S  T] S
      O [M  O  E  R  U] U
      L [L  G  F  D  V] V
      H [K  H  C  A  W] C
      I [J  I  B  X  Y] B
         J  K  G  E  X  W  N
```

ABC PATH - 45 (Solution)

```
      Y  J  V  U  O  C  H
      N [L  M  N  O  P] L
      R [K  X  R  Q  A] X
      S [J  W  Y  S  B] W
      T [I  V  U  T  C] I
      E [H  G  F  E  D] G
         P  K  M  F  Q  B  D
```

ABC PATH - 46 (Solution)

```
      Q  W  P  D  B  K  L
      O [Y  P  O  N  M] Y
      C [X  Q  C  L  K] X
      J [W  R  D  B  J] R
      S [V  S  E  A  I] V
      G [U  T  F  G  H] F
         M  U  T  E  N  I  H
```

ABC PATH - 47 (Solution)

```
      W  J  D  L  T  R  E
      K [J  K  M  N  O] N
      I [I  A  L  T  P] P
      B [H  B  U  S  Q] S
      G [G  D  C  V  R] C
      Y [E  F  Y  X  W] X
         O  H  F  M  V  Q  U
```

ABC PATH - 48 (Solution)

```
      B  Q  S  X  W  G  U
      C [B  C  D  F  G] D
      H [A  S  T  E  H] E
      V [Q  R  U  V  I] R
      P [P  Y  X  W  J] J
      L [O  N  M  L  K] M
         Y  O  N  T  F  I  K
```

ABC PATH - 49 (Solution)

	P	B	C	I	J	M	X
H	G	H	I	J	K	G	
V	F	V	W	X	L	W	
D	D	E	U	Y	M	E	
O	B	C	T	N	O	N	
R	A	S	R	Q	P	Q	
	K	F	S	T	Y	L	U

ABC PATH - 50 (Solution)

	E	S	U	V	F	C	L
W	T	U	V	W	A	T	
R	S	R	Y	X	B	Y	
H	P	Q	I	H	C	Q	
O	O	L	J	G	D	D	
K	N	M	K	F	E	N	
	X	P	M	J	G	B	I

ABC PATH - 51 (Solution)

	O	U	C	S	M	L	I
D	B	C	D	G	H	G	
F	A	E	F	I	J	J	
K	W	X	Y	M	K	W	
R	V	R	S	N	L	V	
P	U	T	Q	P	O	T	
	Y	B	X	Q	N	H	E

ABC PATH - 52 (Solution)

	L	X	K	C	D	E	P
I	L	J	I	H	G	H	
B	M	K	B	A	F	F	
N	N	O	C	D	E	O	
Y	Y	P	Q	R	S	R	
W	X	W	V	U	T	V	
	G	M	J	Q	U	S	T

ABC PATH - 53 (Solution)

	O	C	U	E	S	G	Q
F	B	A	E	F	G	B	
H	C	D	P	Q	H	D	
N	Y	N	O	R	I	I	
X	X	W	M	S	J	M	
L	V	U	T	L	K	T	
	V	Y	W	P	R	J	K

ABC PATH - 54 (Solution)

	L	P	C	U	I	K	Y
D	B	C	D	E	F	E	
X	A	W	X	Y	G	G	
H	R	S	V	I	H	R	
H	Q	T	U	J	K	Q	
M	P	O	N	M	L	O	
	V	B	S	N	J	F	W

ABC PATH - 55 (Solution)

ABC PATH - 56 (Solution)

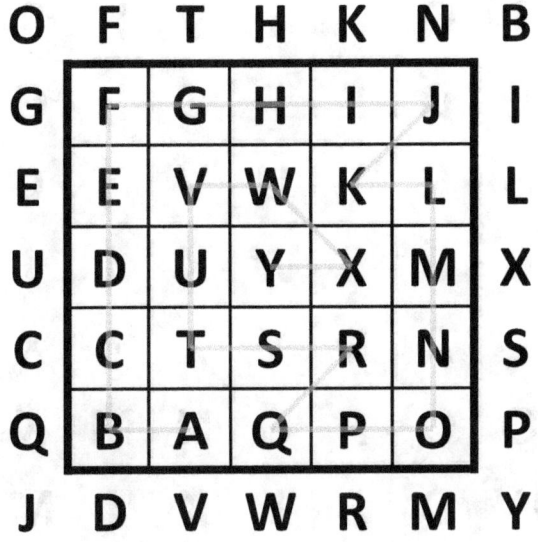

ABC PATH - 57 (Solution)

ABC PATH - 58 (Solution)

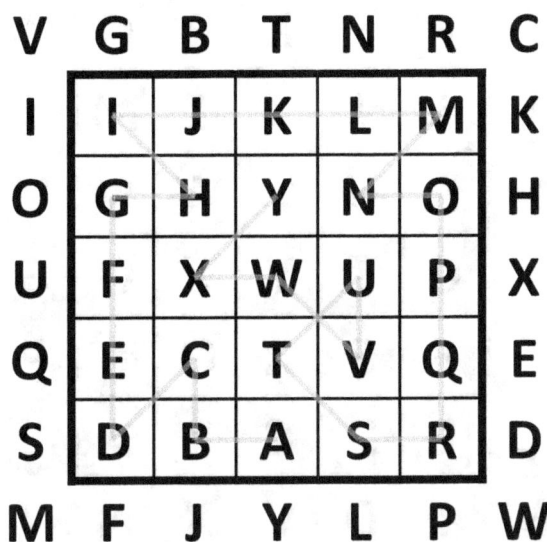

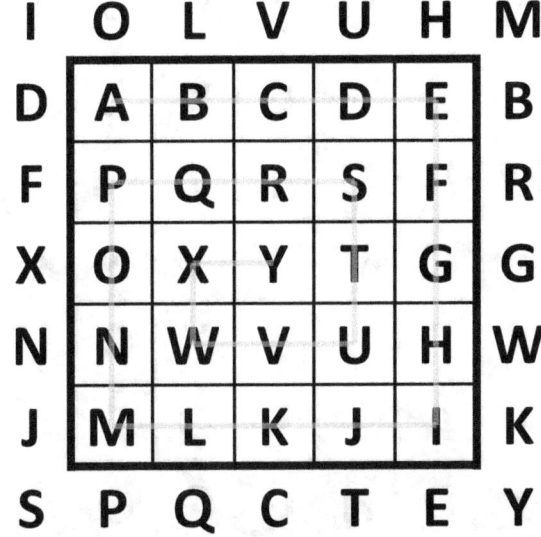

ABC PATH - 59 (Solution)

ABC PATH - 60 (Solution)

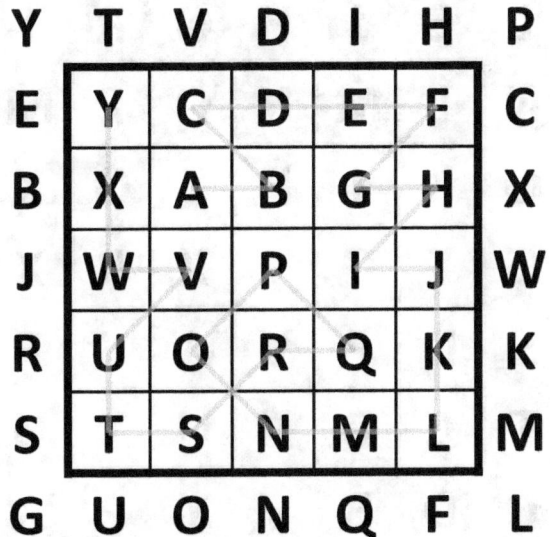

ABC PATH - 61 (Solution)

	T	Q	P	Y	V	H	R
E	D	E	F	G	H		G
U	C	T	U	V	I		C
B	B	S	W	K	J		J
L	A	R	Y	X	L		X
O	Q	P	O	N	M		N
	W	D	S	F	K	I	M

ABC PATH - 62 (Solution)

	I	O	L	X	Y	H	M
D	A	B	C	D	E		B
F	P	Q	R	S	F		R
V	O	U	T	G			G
N	N	W	X	Y	H		W
J	M	L	K	J	I		K
	S	P	Q	C	T	E	U

ABC PATH - 63 (Solution)

	W	B	V	S	Y	P	L
F	E	F	G	K	L		K
M	D	H	I	J	M		I
N	C	V	W	Y	N		C
X	B	U	S	X	O		U
T	A	T	R	Q	P		R
	J	D	H	G	Q	O	E

ABC PATH - 64 (Solution)

	Q	F	S	K	B	O	W
L	I	J	K	L	M		J
H	H	U	V	W	N		U
T	G	T	Y	X	O		G
R	F	S	R	Q	P		P
C	E	D	C	B	A		E
	M	I	D	V	X	N	Y

ABC PATH - 65 (Solution)

	B	P	R	G	F	X	V
S	Q	R	S	W	X		W
T	P	T	U	V	Y		Y
N	N	O	G	F	E		E
M	L	M	H	A	D		H
J	K	J	I	C	B		I
	K	L	O	U	C	D	Q

ABC PATH - 66 (Solution)

	L	E	J	H	O	R	I
N	L	M	N	O	P		M
Q	K	J	H	Y	Q		K
G	E	G	I	X	R		X
S	D	F	V	W	S		F
T	C	B	A	U	T		U
	C	D	B	V	Y	P	W

www.ingramcontent.com/pod-product-compliance
Lightning Source LLC
Chambersburg PA
CBHW060411220526
45465CB00008B/2839